Photoshop CS6
影像設計應用集

鄭苑鳳、陳麗華

全影像設計這一本就足夠

精選16個範例主題+Photoshop功能介紹，結構完整

基礎觀念+範例導向，逐步完成整體架構

步驟式學習，快速上手無盲點

課後評量，立即評估學習效果

Photoshop CS6影像設計應用集

作　　　者／鄭苑鳳、陳麗華

發　行　人／葉佳瑛

發 行 顧 問／陳祥輝、賓丕勳

出　　　版／博碩文化股份有限公司

網　　　址／http://www.drmaster.com.tw/

地　　　址／新北市汐止區新台五路一段112號10樓A棟

　　　　　　TEL / 02-2696-2869 • FAX / 02-2696-2867

郵 撥 帳 號／17484299

律 師 顧 問／劉陽明

出 版 日 期／西元2013年1月初版一刷

　　　　　　西元 2015 年 8 月初版二刷

建議零售價／520元

I S B N／978-986-201-681-7

博 碩 書 號／MU31236

國家圖書館出版品預行編目資料

Photoshop CS6影像設計應用集 / 鄭苑鳳、陳麗華.
-- 初版 -- 新北市：博碩文化, 2012.12
　面；　公分
ISBN　978-986-201-681-7(平裝附光碟)

1.數位影像處理

312.837　　　　　　　　　　　101026341

Printed in Taiwan

Photoshop CS6 序言

Photoshop 經過近十年的演進，功能上越來越強大，在執行的效能上，更掌握了「快」、「穩」、「準」的三大方針，不但在特效的處理速度上更加快速，操作系統也很穩定，而且在物件尺寸的設定上，更可以精準的呈現，讓專業的美術設計師可以盡情的發揮靈感和創意，作出更具深度的藝術作品出來，而 Photoshop 也成為美術設計師必備的創作工具。

為了讓更多非專業背景出身的人，也能夠學會影像編修技巧，甚至於發揮個人的創意，本書的編寫儘可能以初學者入門的角度去進行思考，希望能夠為更多的初學者提供一個無痛苦的學習環境，因此在內容的介紹上，採取循序漸進的方式，將 Photoshop 常用的功能或好用的技巧，讓初學者在最短時間內吸收精華。在寫作上也儘可能省卻繁雜的程序步驟與艱澀難懂的繁複文句，期望將 Photoshop 最精湛的一面呈現給更多人認識。

因此，擁有本書是你學習 Photoshop 最佳的夥伴，它能夠直接且隨時在你左右，陪你學習及給你解答，讓你擁有紮實的根基。當你學習完本書的內容，這套被認定為高階繪圖軟體的 Photoshop，也將成為你的最愛，不管是圖層的使用、色版的設定、向量圖形的繪製，這些功能都難不倒你。

本書雖經多次的校對，唯恐還有疏漏之處，如有疏漏之處，還請各位先進不吝指正。

數位新知

影像基礎概論

Photoshop 基本操作

圖像取得與設計輔助工具

03 以 Adobe Bridge 管理影像資產

04 數位影像的基礎編輯與修補

05 數位影像的特殊處理與美化

 常用的選取工具

編輯選取範圍

08 文字的處理技巧

09 向量繪圖設計

圖層的基礎編修

圖層的進階應用

 色版的處理

特效濾鏡

圖層構圖

 網頁的整合運用

 列印與自動處理

OO 影像基礎概論

日常生活中，各位隨處可以見到許多的照片、圖案、海報，還有電視畫面，早期這些影像畫面都需要專業的技術人員才能夠處理，現在由於科技的進步，耗時、繁瑣又精緻的畫面效果都可以透過電腦來幫忙處理，讓許多對「美」有興趣的人，都可以藉由軟體的學習，輕鬆做出專業的影像效果。

網頁設計

多媒體設計

透過電腦的輔助，很多畫面效果人人都可以做得到，但是一些基本的電腦影像概念不能不知道，否則在設計影像畫面時，可能會多走許多的冤枉路，或是在設定效果時，不知道該名詞的意義為何。因此，在學習 Photoshop 軟體之前，先為各位做些簡要的說明和介紹。

Photoshop CS6

0-1　認識數位影像

❖ 0-1-1　點陣圖

數位式的圖像基本上可區分為兩大類型,一是「點陣圖」,另一是「向量圖」。「點陣圖」是由一格一格的小方塊所組合而成的,通稱為「像素(pixel)」。由於每個像素都是「位元」資料,因此它的檔案量會比較大。通常數位相機所拍攝到的影像或是用掃描器所掃描進來的影像,都屬於點陣圖,它會因為解析度的不同而影響到畫面的品質或列印的效果,如果解析度不夠時,就無法將影像的色彩很自然地表現出來。

> **✿ TIPS**
>
> 位元:「位元」是指電腦資料的最小計算單位。各位可以想像 1 個位元是由黑與白兩種可能性所組合而成的,而位元數的增加就表示所組合出來的可能性就越多。

如下圖所示,當各位以縮放顯示工具放大門口上方的招牌時,就會看到一格格的像素。

原圖

放大門口招牌,會看到一格格的像素

通常會影響畫面品質的主要因素是影像的「像素尺寸」以及「解析度」的高低。「像素尺寸」也就是影像的寬度與高度,「解析度」則是決定點陣圖影像品質與密度的重要因素,通常每一英吋內的像素粒子的密度越高,表示解析度越高,所以影像會越細緻,二者之間有著密不可分的關係。

一般在開始設計文宣或廣告以前,一定要先根據需求(網頁或印刷用途)先決定解析度、文件尺寸或像素尺寸,因為文件尺寸與解析度會影響到影像處理的結果,諸如:濾鏡的設定值或特效運算的時間。如下圖所示,「文件尺寸」同樣設為 15 公分 x 15 公分,但是設定不同的解析度,在套用相同設定值的「結晶化」濾鏡特效,所處理出來的畫面效果則完全不同。

解析度:300　　　　　　　解析度:150　　　　　　　解析度:96

基本上 Photoshop 就是以點陣圖為主的影像編輯程式,因此在編輯影像畫面時,請各位先建立一個觀念:影像若經過多次的放大或縮小處理後,容易出現失真的現象;由較高解析度或較大影像尺寸縮小後,若出現模糊的狀況,還可以使用清晰的功能讓影像變清楚,但是由低解析度和較小影像尺寸放大影像後,所產生的模糊效果就無法修復,所以建議各位在製作或設計任何文宣或廣告時,記得要保留最原始的、最高解析度的影像圖檔。

TIPS

　　解析度的調整:當解析度高時,影像在單位長度中所記錄的像素數目就比較多,對於銳利的線條或文字的表現,能產生較好的效果。如果原先拍攝的影像尺寸並不大時,卻要增加影像的解析度,那麼繪圖軟體會在影像中以內插補點的方式來加入原本不存在的像素,因此影像的清晰度反而降低,畫面品質變得更差。所以在找尋影像畫面時,盡量要取得高畫質、高解析度的影像才是根本之道。

❖ **0-1-2 向量圖**

「向量圖」是以數學運算為基礎，透過點、線、面的連結和堆疊而造成圖形。它的特點是檔案小、圖形經過多次縮放也不會有失真或變模糊的情形發生，而且檔案量通常不大。它的缺點是無法表現精緻度較高的插圖，適合用來設計卡通、漫畫或標誌⋯等圖案。

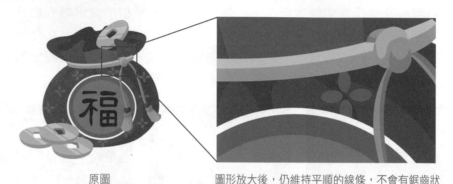

原圖　　　　　　　圖形放大後，仍維持平順的線條，不會有鋸齒狀

近年來由於網際網路的流行，為了加快傳輸的速度，很多軟體都紛紛選用向量式的繪圖方式，像是 Flash 就是很好的實例。其他常用的向量繪圖工具還有 CorelDRAW 和 Illustrator 等。Photoshop 軟體中也有向量式的繪圖工具，諸如：矩形工具、橢圓工具、多邊形工具⋯等皆屬之。

0-2　色彩模式

所謂的色彩模式，就是電腦影像上的色彩構成方式，或是決定用來顯示和列印影像的色彩上。以 Photoshop 為例，當各位在檢色器上挑選顏色時，就可以看到電腦影像中常用的四種色彩模式。

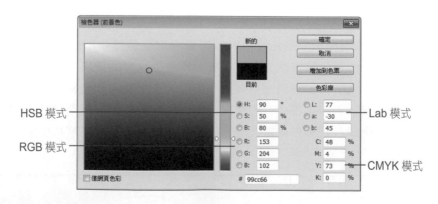

❖ 0-2-1 RGB 模式

RGB 色彩模式是由紅（Red）、綠（Green）、藍（Blue）三個顏色所組合而成的，依其明度不同各劃分成 256 個灰階，而以 0 表示純黑，255 表示白色。由於三原色混合後顏色越趨近明亮，因此又稱為加法混色。善用 RGB 色彩模式，可讓設計者調配出 1600 萬種以上的色彩，對於表現全彩世界來說，已經相當足夠。

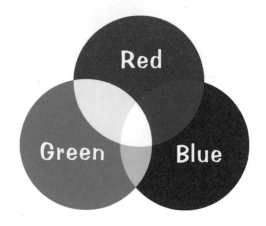

TIPS

RGB 色彩的計算方式：在 RGB 模式中，每一種色光都有 256 種光線強度（也就是 2^8 種顏色）。三種色光正好可以調配出 2^{24}=16,777,216 種顏色，也稱為 24 位元全彩。

一般在編輯影像畫面時，繪圖軟體大都採用 RGB 的色彩模式，因為不同的需求，於影像完成編輯後，再將影像畫面轉換成灰階、點陣圖、雙色調、索引色、CMYK.. 等各種模式。

❖ 0-2-2 CMYK 色彩模式

CMYK 色彩主要由青（Cyan）、洋紅（Magenta）、黃（Yellow）、黑（Black）四種色料所組成。通常印刷廠或印表機所印製的全彩圖像，就是由此四種顏色，依其油墨的百分比所調配而成。由於色料在混合後會越混濁，因此又稱減法混色。

由於 CMYK 是印刷油墨，所以是用油墨濃度來表示，最濃是 100%，最淡則是 0%。一般的彩色噴墨印表機也是這四種墨水顏色。CMYK 模式所能呈現的顏色數量比 RGB 模式少，所以在影像軟體中所能套用的特效數量也會相對較少。故在使用上會先在 RGB 模式中做各種效果處理，等最後輸出時再轉換為所需的 CMYK 模式。特別注意的是，在 RGB 模式中色光三原色越混合越明亮，而 CMYK 模式為色料三原色，越混合則越混濁。

❖ 0-2-3　HSB 色彩模式

「HSB 模式」可看成是 RGB 及 CMYK 的組合模式，其中 HSB 模式是指人眼對色彩的觀察來定義。在此模式中，所有的顏色都用 H（色相 ,Hue）、S（飽和度 ,Saturation）及 B（明亮度 ,Brightness）來代表，在螢幕上顯示色彩時會有較逼真的效果。

TIPS

色彩三要素：**色相**：是區別色彩的差異度而給予的名稱，也就是我們經常說的紅、橙、黃、綠、藍、紫等色。

明度：指色彩的明暗程度，例如：紅色可分為暗紅色、紅色及淡紅色，而每個色相都可以區分出一系列的明暗程度，通常可區分為 9 個階段，其中以黑色的明度最低，白色的明度最高。

彩度：是指色彩中純色的純粹程度，亦可以說是區分色彩的鮮濁程度。當某個顏色中加入其他的色彩時，它的彩度就會降低。舉例來說，當紅色中加入白色時，顏色變成粉紅色，其明度會提高，但是紅色的純度降低，所以彩度變低。紅色中若加入黑色，它會變成暗紅色，明度變低，彩度也變低。

❖ 0-2-4　Lab 色彩模式

Lab 色彩是 Photoshop 轉換色彩模式時的中介色彩模型，它是由亮度（Lightness）及 a（綠色演變到紅色）和 b（藍色演變到黃色）所組成，可用來處理 Photo CD 的影像。

0-3　影像色彩類型

❖ 0-3-1　色彩深度

所謂的「色彩深度」通常是以「位元」來表示，位元是電腦資料的最小計算單位，位元數的增加就表示所組合出來的可能性就越多，影像所能夠具有的色彩數目越多，相對地影像的漸層效果就越柔順。像我們常説的 8 位元、16 位元、24 位元 .. 等，就是代表影像中所能具有的最大色彩數目。

影像中的色彩數目越多，相對地色彩的品質也越高，而每種色彩深度所包含的最多色彩數目大致如下：

色彩深度	1 位元	2 位元	4 位元	8 位元	16 位元	24 位元
色彩數目	2 種色彩	4 種色彩	16 種色彩	256 種色彩	65536 種色彩 （高彩）	16777216 種色彩 （全彩）

❖ 0-3-2　黑白

在黑白色彩模式中，只有黑色與白色。每個像素只用一個位元來表示。這種模式的圖檔容量小，影像比較單純。但無法表現複雜多階的影像顏色，不過可以製作黑白線稿或是只有二階（2 位元）的高反差影像。

❖ 0-3-3 灰階

每個像素用 8 個位元來表示,亮度值範圍為 0-255,0 表示黑色、255 表示白色,共有 256 個不同層次深淺的灰色變化,也稱為 256 灰階。可以製作灰階相片與 Alpha 色板。

❖ 0-3-4 16 色

每個像素用 4 位元來表示,共可表示 16 種顏色,為最簡單的色彩模式,如果把某些圖片以此方式儲存,會有某些顏色無法顯示。

❖ 0-3-5 256 色

每個像素用 8 位元來表示,共可表示 256 種顏色,已經可以把一般的影像效果表達的相當逼真,是早期網路上常用的色彩類型。

❖ 0-3-6　高彩

每個像素用 16 位元來表示，其中紅色佔 5 位元，藍色佔 5 位元，綠色佔 6 位元，共可表示 65536 種顏色。通常在製作多媒體產品時，多半會採用 16 位元的高彩模式來呈現。

❖ 0-3-7　全彩

每個像素用 24 位元來表示，其中紅色佔 8 位元，藍色佔 8 位元，綠色佔 8 位元，共可表示 16,777,216 種顏色。全彩模式在色彩的表現上非常的豐富完整，不過使用全彩模式及 256 色模式，光是檔案資料量的大小就可能差了三倍之多。

0-4　影像壓縮處理

當影像處理完畢準備存檔時，通常會針對個別的需求，選取合適的圖檔格式。由於影像檔案的容量都十分龐大，尤其在目前網路如此發達的時代，經常會事先經過壓縮處理，再加以傳輸或儲存。

「影像壓縮」是根據原始影像資料與某些演算法來產生另外一組資料，方式可區分為「破壞性壓縮」與「非破壞性壓縮」兩種。二者的主要差距在於壓縮前的影像與還原後結果是否有失真現象；「破壞性壓縮」的壓縮比率大，容易產生失真的情形，而「非破壞性壓縮」壓縮比率小，還原後不容易失真。像是 PCX、PNG、GIF、TIF 等格式是屬於「非破壞性壓縮」格式，而 JPG 則是屬於「破壞性壓縮」。

0-5　常用的影像格式

❖ 0-5-1　PSD 格式

PSD 是 Photoshop 特有的檔案格式，能將 Photoshop 軟體中所有的相關資訊的保存下來，包含圖層、特別色、Alpha 色版、備註、校樣設定、或 ICC 描述

檔等資訊。通常使用 Photoshop 軟體編輯合成影像時,都要儲存成該格式,以利將來圖檔的編修。

由於 Photoshop 為繪圖程式中的龍頭,很多繪圖軟體、視訊剪輯軟體、動畫設計軟體、排版軟體,都能直接讀入 psd 格式的圖檔。

❖ 0-5-2 TIFF 格式

副檔名為 .tif,為非破壞性壓縮模式,支援儲存 CMYK 的色彩模式與 256 色,能儲存 Alpha 色版。其檔案格式較大,用來作為不同軟體與平台交換傳輸圖片,或是作為文件排版軟體的專用格式。

❖ 0-5-3 BMP 格式

bmp 格式是 Windows 系統之下的點陣
圖格式,屬於非壓縮的影像類型,所以
不會有失真的現象,大部份的影像繪圖
軟體都支援此種格式。由於 PC 電腦和
麥金塔電腦都支援此格式,所以早期從
事多媒體製作時,幾乎都選用此種格式
較多。

❖ 0-5-4 JPEG 格式

JPEG(Joint Photographic Experts Group)是由全球各地的影像處理專家所建立的靜態影像壓縮標準,可以將百萬色彩(24-bit color)壓縮成更有效率的影像圖檔,副檔名為 .jpg,由於是屬於破壞性壓縮的全彩影像格式,採用犧牲影像的品質來換得更大的壓縮空間,所以檔案容量比一般的圖檔格式來的小,也因為 jpg 有全彩顏色和檔案容量小的優點,所以非常適用於網頁及在螢幕上呈現的多媒體。

含有較多漸層色調的影像，適合選用 JPEG 格式

在儲存 jpg 格式時，使用者可以根據需求來設定品質的高低。以 Photoshop 為例，品質可以從 0 到 12，檔案量的大小也差距甚大，該選用何種品質，可利用「預視」的選項來比較一下它的差異。

❖ 0-5-5　GIF 格式

GIF 圖檔是由 CompuServe Incorporated 公司發展的影像壓縮格式，目的是為了以最小的磁碟空間來儲存影像資料，以節省網路傳輸的時間。這種格式為無失真的壓縮方式，色彩只限於 256 色，所以適用漫畫圖案或色塊線條為主的手繪圖案。

簡單的色塊、線條最適合使用 GIF 格式，可降低檔案尺寸

GIF 圖檔也支援透明背景圖形，如果所設計的圖形想和網頁背景完美的結合，就可以考慮選用 GIF 格式。因此早期網際網路上最常被使用的點陣式影像壓縮格式就非它莫屬。

儲存檔案時，勾選「透明度」選項，就可以與其他網頁背景完美結合

另外，GIF 圖檔也可以支援動畫製作，透過 GIF Animator 程式就可將數張影像串接成 GIF 動畫。

❖ 0-5-6　PNG 格式

PNG 格式是較晚開發的一種網頁影像格式，幾乎同時包含了 JPG 與 GIF 兩種格式的特點。它是一種非破壞性的影像壓縮格式，所以壓縮後的檔案量會比 JPG 來的大，但它具有全彩顏色的特點，能支援交錯圖的效果，又可製作透明背景的特性，且很多影像繪圖軟體和網頁設計軟體目前都已支援，被使用率已相當的高。

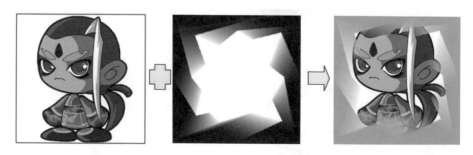

PNG 格式可以儲存具半透明效果的圖形

❖ 0-5-7　UFO 格式

UFO 為 PhotoImpact 專屬檔案格式，可以儲存 PhotoImpact 軟體中的圖層物件、路徑造形、選取範圍、遮色片…等相關資料，方便檔案將來修改及編輯。由於 PhotoImpact 軟體簡單易學，功能又強，不管是從事多媒體設計、網頁設計、圖案設計，利用它的百寶箱的套用或修改，就可以快速建立與變換出各種的效果，很適合入門者學習。

是非題

1. (　　) 點陣圖的圖形在放大後，仍維持平順的線條，不會有鋸齒狀。

2. (　　) 點陣圖由一格一格的小方塊所組合而成的，通稱為「像素」。

3. (　　) Photoshop 是屬於點陣圖的影像編輯程式，沒有向量繪圖工具。

4. (　　) 彩度主要是區別色彩的差異度而給予的名稱。

5. (　　) 色彩的明度通常可區分為 9 個階段，其中以白色的明度最低，黑色的明度最高。

6. (　　) 通常在某一色彩中加入其他的色彩時，它的彩度就會降低。

7. (　　) 紅色中若加入黑色，它會變成暗紅色，明度變低，彩度也變低。

8. (　　) 所謂的 8 位元、16 位元是指影像中所能具有的最大色彩數目。

9. (　　) 影像的「像素尺寸」是指數位影像的寬度與高度，且是以像素為計算單位。

10. (　　) 每一英吋內的像素粒子的密度越高，表示解析度越高，所以影像會越細緻。

11. (　　) 文件尺寸與解析度會影響影像特效運算的時間以及濾鏡的處理結果。

12. (　　) 向量圖以數學運算為基礎，所以它的檔案小、圖形經過多次縮放也不會有失真或變模糊的情形發生。

13. (　　) 在 Photoshop 中，可置入點陣圖或向量圖形。

14. (　　) 置入 Photoshop 的向量圖形仍保留向量格式的特點，雖經多次變形縮放，也不會產生模糊現象。

選擇題

1. (　　) 下列何者是向量式的繪圖軟體？
   A. Illustrator   B. PhotoImpact
   C. PaintShop Pro   D. Photoshop

2. （　　　） 下列何者不是色彩的三要素之一？

　　A. 色素　　　　　　　　　B. 明度

　　C. 色相　　　　　　　　　D. 彩度

3. （　　　） 對於彩度的說明何者正確？

　　A. 區分色彩的鮮濁程度　　B. 色彩中純色的純粹程度

　　C. 指色彩的飽和程度　　　D. 以上皆正確

4. （　　　） 對於影像色彩的說明，何者不正確？

　　A.「位元」是指電腦資料的最小計算單位

　　B. 位元數的增加就表示所組合出來的可能性就越多

　　C. 影像中的色彩數目越多，相對地色彩的品質也越高

　　D.16 位元最多可包含 16777216 種色彩

5. （　　　） 當某一純色中加入白色後，其彩度會便如何？

　　A. 降低　　　　　　　　　B. 提高

　　C. 沒有影響

6. （　　　） 下列何種圖檔格式使用破壞性壓縮方式壓縮檔案？

　　A. gif　　　　　　　　　　B. tif

　　C. png　　　　　　　　　D. jpg

7. （　　　） 圖片中只包含黑到白不同明亮度的色彩，則此圖屬於？

　　A. 黑白圖　　　　　　　　B. 灰階圖

　　C. 全彩圖　　　　　　　　D. 高彩圖

8. （　　　） 下列哪一個檔案格式屬於動態圖形檔案？

　　A. pcx　　　　　　　　　B. bmp

　　C. gif　　　　　　　　　　D. jpg

問答題

1. 請簡要說明色彩的三要素所代表的意義。

01 Photoshop 基本操作

學習指引

Adobe Creative Suite 6 Master Collection 是一套跨媒體設計的套裝軟體，透過軟體之間的緊密整合工具，讓設計者可以針對平面設計、版面編排、網頁設計、互動式、動畫或視訊等，進行豐富的內容設計；不但提供直覺式的使用者介面，只要學會其中一套軟體，其他軟體就很容易上手。本書主要針對 Adobe Photoshop CS6 Extended 作介紹，這套美術設計者必備的影像編輯軟體，提供簡潔的工作方式，讓使用者可以針對個人工作的重點，選擇印刷樣式、繪畫、攝影、3D、或動態的工作環境，不但大大提升設計者的生產力，而且允許設計者以全新的方式表現創意。因此，不管是動畫師、美術設計師，或是網頁設計師，都可以用更直覺的方式來編輯或設計版面。

本章將針對 CS6 的視窗環境作介紹，另外包含檔案的開啟、尺寸調整、存檔等功能作說明，讓各位新手在以後的學習過程更輕鬆上手。

Photoshop CS6

1-1 認識 Photoshop 的操作環境

❖ 1-1-1 嶄新的操作介面

在 CS6 的版本中，Photoshop 提供多種工作流程增強功能，可以幫助使用者更有效率地完成工作。請執行「Adobe Photoshop CS6」指令，我們先進入它的操作環境，來瞧瞧它的嶄新介面。

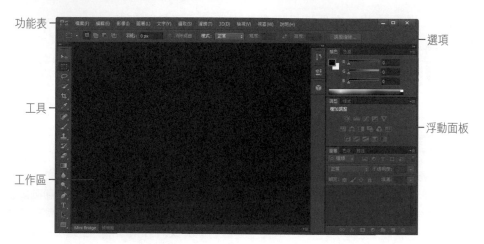

首先映入眼簾的是深灰色的優雅介面，深灰色的底對於設計師來說應該相當喜歡，因為易於展現設計中的作品。如果您不習慣，可以執行「編輯 / 偏好設定 / 介面」指令，在如下的視窗中修改介面外觀的顏色主題。

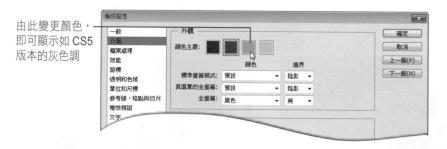

各位也可以利用快速鍵「Shift」+「F1」鍵來快速降低介面亮度，而按「Shift」+「F2」鍵則是快速提高介面亮度喔！

接下來我們針對視窗介面作個簡要的說明：

功能表

依功能區分為檔案、編輯、影像、圖層、文字、選取、濾鏡、**3D**、檢視、視窗、說明等 11 類，下拉可選取細部指令，或呼叫對話視窗。

工具

將各項工具顯示於此，方便切換選擇，以便進行影像的編輯或繪圖工作。預設狀態是將工具排成一列，但是按滑鼠兩下於工具頂端的深灰色，則可切換成兩排形式。

選項

依據使用者選用的工具，而提供該工具的細部屬性設定。

工作區

放置工具箱、浮動視窗及影像視窗的地方，工作區可以放置多個影像視窗，方便設計者切換檔案。

浮動面板

Photoshop 的面板共有二十多種，分門別類地排列在浮動視窗槽中，使用者可以將面板放大或縮小，或是置於視窗邊緣，使成為圖示鈕，以增加影像文件的顯示空間。而直接按於浮動視窗的名稱或圖示上，就能立即顯示該浮動面板。

按滑鼠兩下於深灰色處，可做面板的放大或縮小　　拖曳左側邊，可將面板更換成圖示

顯示為圖示按鈕

面板放大狀態　　　　　　　　面板縮小狀態

❖ 1-1-2　標籤式文件顯示視窗

影像文件視窗用來顯示目前編輯的影像內容，它以標籤的方式呈現，不但讓檔案的切換更簡便，還能夠輕鬆處理多個開啟的影像文件，而且與 Dreamweaver 或 Flash…等程式的介面相同，讓使用者在學習或使用 Adobe 相關軟體時更無障礙。

文件視窗依序顯示影像檔名、格式、縮放比例、以及色彩格式等資訊

標籤式文件視窗，較淡的灰色表示目前編輯的影像，較暗的灰色為工作區中所開啟的影像文件

顯示文件縮放比例　　　文件的相關資訊

每一個文件視窗都會顯示該影像的檔名、檔案格式、縮放比例、以及色彩格式等資訊供編輯者參考，而視窗下端則顯示文件縮放比例，以及文件的相關資訊。

❖ 1-1-3　工作區的切換

多年來 Photoshop 讓許多美術設計師或創意人員，將個人構想實現於平面作品或網頁上，也讓攝影師或印刷人員可以矯正影像的色彩，針對不同的工作屬性，常用的工具或浮動視窗也稍有不同。為了迎合多數人的需求，Photoshop 提供不同的工作區可作切換，讓使用者可以針對個人需求，選擇最適當的工作環境。

請於視窗右上角 基本功能 ▾ 下拉，即可點選「3D」、「動態」、「繪畫」、「攝影」或「印刷樣式」等工作區，另外也可以儲存個人專用的工作環境喔！如圖示：

先將常用的工作環境擺設好，執行「新增工作區」指令，就能加以命名與儲存；若要刪除則是執行「刪除工作區」指令，再選擇要刪除的名稱

❖ 1-1-4 關閉檔案與結束程式

要結束所編輯的文件視窗，可在標籤頁上按下 ✕ 鈕，或是執行「檔案 / 關閉檔案」指令來關閉文件視窗。若要關閉 Photoshop 程式，則是按下視窗右上角的 ✕ 鈕，或是使用「檔案 / 結束」指令。

按此關閉文件視窗

按此關閉 Photoshop 程式

❖ 1-1-5 從當機自動修護

由於軟體的功能越來越強，而印刷用途的影像檔的檔案量都很大，如果電腦設備的等級不夠好，有可能會出現當機的情況。在 CS6 的版本中，增加了從當機自動修護的功能，它可以在當機發生時，依照使用者指定的間隔時間來儲存當機修復的資訊，於下次開啟 Photoshop 程式時，自動修復您的工作。

要自訂自動修復儲存的時間，請執行「編輯 / 偏好設定 / 檔案處理」指令，勾選「在背景儲存」的選項後，再從「自動儲存修復資訊間隔」選單中設定時間。

勾選此項 ❶

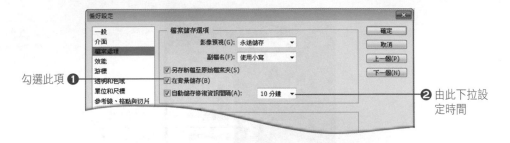

❷ 由此下拉設定時間

1-2　認識工具

❖ 1-2-1　使用工具

位於視窗左側，由許多工具鈕組成的面板，是使用者編輯影像時最常使用的工具。如果找不到工具列，可執行「視窗 / 工具」指令將它開啟。在工具鈕右下角若包含三角形的符號，表示該工具鈕中還包含其他的工具可以選擇，如下圖所示。

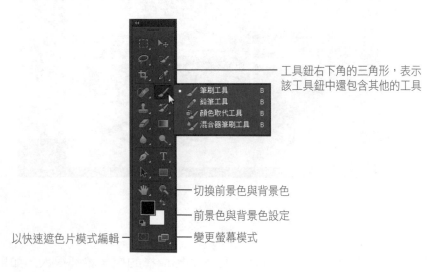

工具鈕右下角的三角形，表示該工具鈕中還包含其他的工具

以快速遮色片模式編輯

切換前景色與背景色

前景色與背景色設定

變更螢幕模式

選用某項工具後，從「選項」還可做屬性方面的設定，可讓工具的使用達到更多的變化效果。

❖ 1-2-2 前背景色設定

工具下方提供有黑／白的預設前／背景色塊，按於色塊上，將進入如圖的「檢色器」，可針對前／背景色做選擇，而顏色的設定方式說明如下：

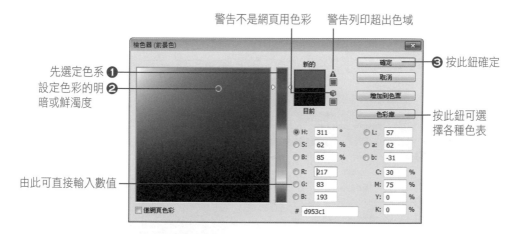

警告不是網頁用色彩　警告列印超出色域

先選定色系 ❶
設定色彩的明 ❷
暗或鮮濁度

❸ 按此鈕確定

按此鈕可選擇各種色表

由此可直接輸入數值

如果在選色時有看到 ⚠ 或 ⬡ 符號，表示所選擇的顏色無法以印表機列印出來，或是該顏色不是屬於網頁安全色，只要按下該符號，Photoshop 就會自動找到最相近的色彩。

TIPS

以色票浮動面板挑選色彩：在選用色彩時，除了透過工具上的前背景色色塊選擇顏色外，「視窗／色票」也提供色票浮動面板以挑選顏色。

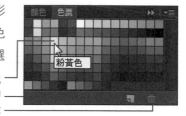

粉黃色

按一下滑鼠可選定顏色
按此鈕可以將前景色塊新增至色票中
色票拖曳至此會被刪除

TIPS

以顏色浮動面板調配顏色：執行「視窗／顏色」指令可開啟顏色浮動面板來調配顏色。面板裡提供各種的色彩模式可供選用，只要在選定的模式下拖曳三角形滑鈕，或是在下方的色譜中按下左鍵，即可調配或挑選所需的顏色。

粗線表示目前設定前景色

如果出現此符號，表示列印超出色域，按一下該鈕會自動設定為最接近的印刷色域

要設定背景色，則必須先按一下背景色塊

1-3　開新檔案

「檔案 / 開新檔案」是開啟一個全新的畫面讓使用者做編排設計。通常在製作卡片、海報或介面設計時,都必須先根據目的與需求,先設定好尺寸大小與解析度,然後再將開啟的影像編輯到所設定的新檔案中,這樣設計出來的東西,才不會因為尺寸不對,而必須重新調整影像,造成畫面變模糊或解析度不夠的情況。由於開新檔案必須設定許多選項,因此先來了解一下。

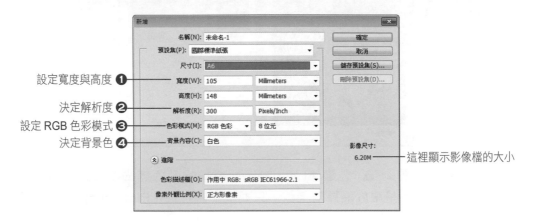

設定寬度與高度 ❶

決定解析度 ❷

設定 RGB 色彩模式 ❸

決定背景色 ❹

這裡顯示影像檔的大小

TIPS

　　儲存設計尺寸預設集:開新檔案時,可事先將常用的尺寸設定好,在其視窗中按下　儲存預設集(S)...　鈕,就能將該尺寸儲存於「預設集」的選單中。

❖ 1-3-1　決定影像寬高與解析度

首先必須根據用途決定影像尺寸與解析度;用於印刷設計時,必須將解析度設於 200-300 像素 / 英寸(Pixels/Inch)左右,如果是做網頁編排或多媒體介面設計,則設定與螢幕解析度相同就可以了,也就是 96 或 72 像素 / 英寸。至於寬度與高度的度量,通常印刷用途會選用公釐(Millimeters)或公分(Centimeters)為計算單位,而網頁或多媒體設計則會選用像素(Pixels)為單位。為了設計的方便,Photoshop 也將常用的尺寸放置在「預設集」中,諸如:標準紙張、相片、網頁、行動裝置、影片和視訊…等各種類型,方便使用者快速選用。

TIPS

　　設定印刷品解析度：印刷用的設計稿件，通常都會設在 300dpi，這樣印製在銅版紙上的效果才會好看，由於資料量大，相對地會增長 Photoshop 運作的時間，而且輸出的時間也會比較慢，因此如果能事先確定印刷品是應用在報紙廣告上，或是廣告業主的要求並不高時，可以適時地降至 200 至 250 左右。

❖ 1-3-2 設定色彩模式

決定影像尺寸後，接下來要設定色彩模式。雖然它提供點陣圖、灰階、RGB 色彩、CMYK 色彩、Lab 色彩等五種模式，但是通常都會選用「RGB 色彩」模式，因為這樣才可以使用 Photoshop 的所有功能與特效。

❖ 1-3-3 選用背景內容

在背景內容方面，可以設定為白色、背景色、透明三種。一般都會選用白色，如果早已決定畫面的色調，也可以在執行「開新檔案」前，事先於工具裡設定背景顏色。至於選用「透明」背景時，Photoshop 會以棋盤狀的灰白相間方格表示，方便設計去背景的圖形。

白色背景

必須先在工具的背景色塊上設定背景

透明背景

設定好如上的三項內容，影像檔的尺寸就會顯示在右側供各位參考，確定無誤再按下「確定」鈕離開。

1-4　開啟舊有檔案

通常要開啟舊有檔案來編輯，執行「檔案 / 開啟舊檔」指令，或是在工作區中快按滑鼠兩下，就可以在如下的視窗中選取檔案。

找到資料夾所在地 ❶

執行此指令可增加常用的工作檔案夾路徑

選取檔案 ❷

我的最愛

新增路徑將顯示於此

按此鈕開啟檔案

在視窗右上角還有一個「我的最愛」的圖示，此按鈕可快速開啟常用的檔案目錄。當各位進入「開啟檔案」的視窗，可先搜尋經常使用的檔案資料夾，然後按下右上角的 🔳 鈕，執行「增加我的最愛」指令，以後就可以快速開啟常用的檔案夾目錄。

1-5　影像尺寸調整

所拍攝的數位影像，通常與我們要使用的編輯尺寸不相符合，或是因設計需要，必須將影像做旋轉，此時就得用到如下的功能技巧。

❖ 1-5-1　調整影像尺寸

數位影像的尺寸通常與相機所提供的總體像素有關，以筆者的相機為例，400萬像素的相機拍攝出來的尺寸可達 2288*1712 像素。這樣的影像尺寸，對於編輯網頁、廣告文宣、多媒體介面…等已經相當足夠。要調整影像尺寸，執行「影像 / 影像尺寸」指令便可進入其視窗。

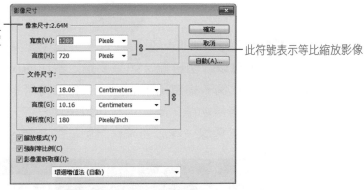

這是影像原有的像素尺寸、文件尺寸和解析度等資訊

此符號表示等比縮放影像

如果影像是直接應用於多媒體介面或網頁設計上，可先設定解析度，再直接由「影像尺寸」的寬度與高度上輸入介面的像素值。

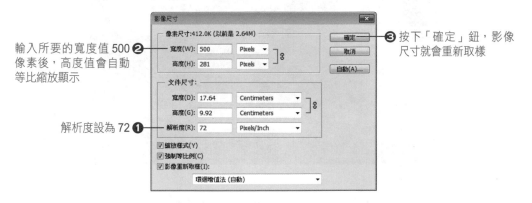

輸入所要的寬度值 500 ❷ 像素後，高度值會自動等比縮放顯示

解析度設為 72 ❶

❸ 按下「確定」鈕，影像尺寸就會重新取樣

若是使用在印刷品上，則先取消「影像重新取樣」的選項勾選，那麼文件尺寸的寬、高、解析度會形成關連性，更改解析度為「300」時，可以在不變更「像素尺寸」的原則下來修正文件尺寸。

將原先 180 的解析度更 ❷ 換為 300 時，像素尺寸不會變更，自動變更的只有文件尺寸

❶ 取消「影像重新取樣」的選項

❖ 1-5-2 裁切工具裁切影像

「裁切工具」 用來剪裁影像，只要在畫面上拖曳出要保留的區域，再從選項上按下 鈕，就可以裁切影像。如果要指定裁切的尺寸，請在「選項」上選擇好所要的寬 / 高比例，拖曳出來的區域就會維持所指定的大小。另外，它還提供好用的裁切參考線功能，讓使用者可以運用三等分定律、黃金比例、黃金螺旋形、三角形、對角線…等版面來作為裁切的參考。

由此下拉可以選擇影像的尺寸

開啟影像檔「001.jpg」，點選「裁切工具」

❸ 這裡選擇裁切的參考線標準

❹ 依照構圖的美感，以滑鼠拖曳可以調整影像主體與參考線的位置

按滑鼠兩下，即可完成裁切的動作

CS 6 的版本中,「裁切」工具提供互動式預視,因此可以更方便地檢視結果。例如使用「拉直」工具,只要影像視窗中的裁切工具仍在作用中,都可以隨時進行外觀比例的控制。

1

點選「裁切」❷
工具

❹ 設定參考線
的模式

❸ 設定影像比
例

❶ 開啟影像檔

2

❶ 按下「拉
直」鈕

❷ 至畫面上
由左向右
設定水平
線的位置

3

影像調正後，還可依據參考線的標準，作放大 / 縮小或是位置的移動，等畫面調到最佳位置後，再按滑鼠兩下確定

關於裁切方面，還有一個好用的「透視裁切工具」，如果所拍攝的建築物因為拍攝角度的關係，已有透視變形的情況發生，可以利用此工具來做修正。

1

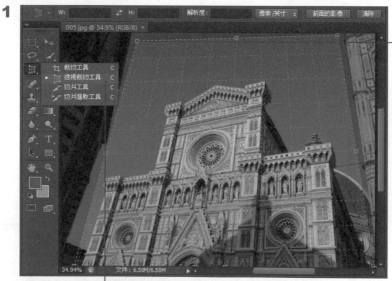

❷ 拖曳出矩形區塊後，以滑鼠點選左上角和右上角的控制點，使顯現如圖的透視角度

❶ 由此切換到「透視裁切工具」

2

按滑鼠兩下後，建
築物即顯示筆直的
效果

❖ 1-5-3 以尺標工具拉直影像 功能加強

對於影像拉直的工作，除了「裁切工具」中的「拉直」鈕外，還有一項「尺標
工具」，也可以幫忙各位將任何彎曲的影像快速拉直，只要各位從「尺標工具」
的直線拖曳到影像上，再從選項上按下「拉直」鈕，影像就會立刻靠齊直線，
不過此功能在 **CS6** 的版本中主要針對圖層上影像作拉直，所以拉直後多餘的
部分將以透明背景顯現。

1

❹ 按此鈕拉直
圖層

❶ 點選尺標工具

由此按下❷
滑鼠左鍵
不放

❸ 拖曳到此放
開左鍵，使
顯現水平線

2

瞧！水平線被拉直，原影像以外的區域將以透明方式呈現

❖ 1-5-4 影像旋轉

在拍攝影像時，有時因為構圖的關係，會將相機旋轉角度，或以垂直的方式拍攝畫面。但是開啟影像到繪圖軟體時，它會以橫式顯現，影像就會顯得傾斜了，此時就可以利用「影像 / 影像旋轉」中的各項指令來旋轉畫面，諸如：180 度、垂直 / 水平翻轉、順時針 / 逆時針 90 度、或任意角度的旋轉等。

> 180 度(1)
> 順時針 90 度(9)
> 逆時針 90 度(0)
> 任意(A)...
> 水平翻轉版面(H)
> 垂直翻轉版面(V)

如果拍攝的影像有些歪斜，也可以利用「影像 / 影像旋轉 / 任意」指令來調整傾斜角度。在設定角度後，影像外圍的部份將以所設定的背景色填滿。

執行「影像 / ❶ 影像旋轉 / 任意」指令使顯示此視窗

旋轉版面

角度(A): 3　○順時針(C)　○逆時針(W)

確定　取消

❸ 按「確定」鈕離開

設定旋轉角度 ❷ 與方向

目前水平線有些歪斜

❖ 1-5-5 調整版面尺寸

所開啟的影像檔,如果原尺寸不夠大,想將它擴大成為所要設計的稿件大小,可利用「影像/版面尺寸」來擴大範圍。擴大時利用錨點來決定擴大的方向及版面延伸的色彩。

錨點設定在中央

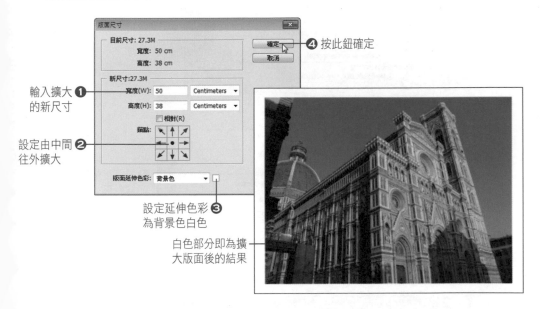

輸入擴大❶
的新尺寸

設定由中間❷
往外擴大

設定延伸色彩❸
為背景色白色

白色部分即為擴大版面後的結果

❹ 按此鈕確定

錨點設定在右側

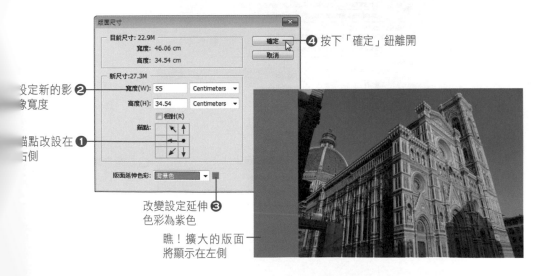

設定新的影❷
象寬度

錨點改設在❶
右側

改變設定延伸❸
色彩為紫色

瞧!擴大的版面將顯示在左側

❹ 按下「確定」鈕離開

❖ 1-5-6 以影像處理器調整影像尺寸

對於影像尺寸的調整,如果有大批的圖檔需要調整,或是想變更所有圖檔的格式為 *.psd 及 *.tif,可以透過 Photoshop 的指令碼的「影像處理器」來做處理。只要先將需要轉換的圖檔,放置在特定的資料夾,執行「檔案 / 指令碼 / 影像處理器」指令進入如圖視窗,再依如下方法處理就可以了。

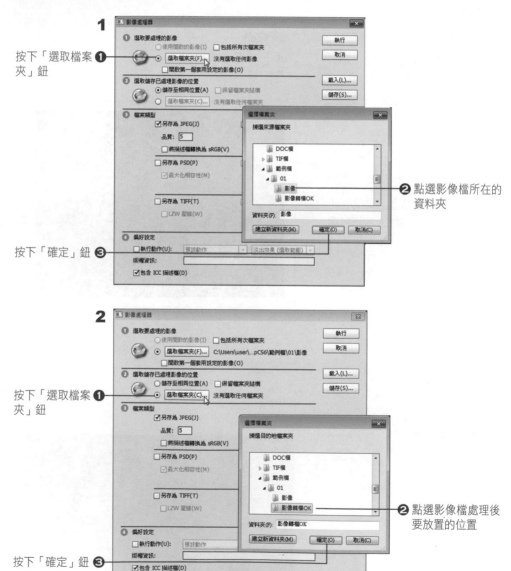

按下「選取檔案夾」鈕 ❶

❷ 點選影像檔所在的資料夾

按下「確定」鈕 ❸

按下「選取檔案夾」鈕 ❶

❷ 點選影像檔處理後要放置的位置

按下「確定」鈕 ❸

3

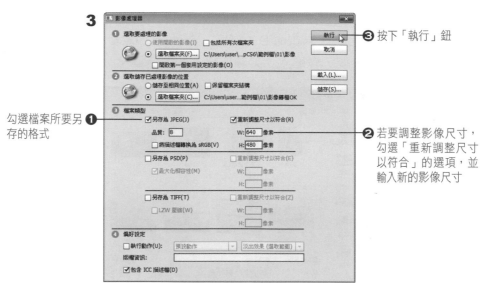

勾選檔案所要另 **①**
存的格式

③ 按下「執行」鈕

② 若要調整影像尺寸，
勾選「重新調整尺寸
以符合」的選項，並
輸入新的影像尺寸

完成如上的設定後，Photoshop 會立即進行轉換的工作，稍待片刻，就可以在
原先的資料夾中，看到已轉換好的資料夾與檔案。

1-6　檔案儲存

在影像編輯的過程中，儲存檔案是各位必須經常做的事，千萬不要等到畫面完
成時才想要儲存它，否則當電腦當機或臨時停電時，那麼辛苦的結果就會化為
烏有。在 Photoshop 裡編輯的檔案，通常會儲存它的專有格式 -PSD，這樣才

能保留所有的圖層與資料，方便將來的修改與再利用，之後再根據用途需求，另存成其他的檔案格式。未曾命名的檔案，在執行「檔案 / 儲存檔案」或「檔案 / 另存新檔」指令後，會進入「另存新檔」的對話框。

如果選用平面化的格式，而文件中有包含圖層、特別色或色板等內容時，就會顯示此符號來提醒各位注意

如果文件中有包含圖層、特別色或色板等內容時，這裡會自動顯示 PSD 格式

視窗下方的儲存選項，通常只有在做該項設定時才會顯現出來，因此只要從「格式」下拉選用 Photoshop 的「PSD」格式，輸入檔案名稱，並決定檔案放置的位置就行了。

是非題

1. (　　) 執行「檔案 / 結束」指令可將編輯的檔案關閉。

2. (　　) Photoshop 的工作區裡可同時放置多個影像檔，但是一次只能編輯一個影像。

3. (　　) 從事美術設計時，都必須先根據目的與需求，事先設定好所需的尺寸與解析度，才開始編排版面。

4. (　　) 開新檔案時，無法預先設定頁面的背景色彩。

5. (　　) 一般通稱為「像素」就是指位元資料。

6. (　　) 在工作區裡快按滑鼠兩下，就可以選取檔案來開啟。

7. (　　) 要設定工具的屬性內容，可以由「選項」面板作設定。

9. (　　) Photoshop 允許個人自訂個人專用的工作區環境。

選擇題

1. (　　) 影像編輯視窗無法顯示哪項資訊？

   A. 檔名　　　　　　　　　　B. 縮放比例

   C. 檔案格式　　　　　　　　D. 解析度

2. (　　) 設定顏色時，若看到 符號，表示什麼現象？

   A. 警告不是網頁用色彩　　　B. 警告列印超出色域

   C. 警告色彩會偏色　　　　　D. 表示為網頁安全色

3. (　　) 設定影像色彩模式時，最好設為何種模式，才可以使用 Photoshop 的所有功能與特效？

   A. 點陣圖　　　　　　　　　B. 灰階

   C. RGB 色彩　　　　　　　　D. CMYK 色彩

4. (　　) 在選用顏色時，檢視器中若出現 ▲ 符號，是代表什麼意思？

   A. 警告不是網頁用色彩　　　B. 警告列印超出色域

   C. 警告色彩會偏色　　　　　D. 表示為網頁安全色

5. (　　　) 設計多媒體介面時，解析度應該設為多少？

        A. 300 像素　　　　　　　　B. 250 像素

        C. 96 像素　　　　　　　　　D. 都可以

6. (　　　) 下面哪個工具鈕，是針對圖層中的影像作拉直的處理？

        A. 裁切工具　　　　　　　　B. 尺標工具

        C. 透視裁切工具　　　　　　D. 都可以

實作練習題

1. 學習目標：剪裁特定尺寸

   練習說明：請將原影像以「裁切工具」裁切成 5 x 7 的尺寸，並用「三角形」的檢視方式將狗狗放置於視窗左側角。

   圖檔來源：習作 1.jpg

   完成檔案：習作 1ok.jpg

原影像

裁切後的影像

   步驟提示：

   （1）選用「裁切工具」，選項上先選擇「5x 7」，「檢視」下拉設為「三角形」。

   （2）以四邊的控制點設定影像要剪裁的區域後，按滑鼠兩下後即可完成確認動作。

2. 學習目標：拉直影像，並修正傾斜的拱門

練習說明：請將所拍攝的數位影像旋轉成直式的影像，同時將略有傾斜的拱門，調整為垂直的拱門效果

圖檔來源：習作 2.jpg

完成檔案：習作 2ok.jpg

原影像

修正後的拱門

步驟提示：

（1）開啟影像檔後，執行「影像 / 影像旋轉 / 逆時針 90 度（0）」指令，即可旋轉影像。

（2）選用「裁切工具」，按下選項上的「拉直」鈕，至影像上沿著拱門拉出直線，按下「Enter」鍵即可顯示直立的拱門。

NOTE

02 圖像取得與設計輔助工具

現今的影像處理技術主要是透過電腦來編修與處理圖像，使產生不同的影像效果。要將影像圖片變成電腦可以讀取的資料格式，可透過電腦的各種周邊設備來辦到。例如：可將圖片或相片等利用掃描器將其轉換成數位影像；若是使用數位相機或透過 DV 取得的影像，也可以匯入到影像編輯軟體中加以編輯；對於錄影帶中的動態影像，可以利用影像擷取卡將其轉換為數位化；另外也可以直接使用繪圖軟體來設計圖案或處理影像，因為它本身就是屬於數位化的資料。

在本章當中，我們將針對如何透過掃描器、數位相機等電腦周邊商品來取得影像，以及如何將向量圖形置入到 Photoshop 中作介紹。此外還會提及 Photoshop 中的相關輔助工具，以協助各位設計和瀏覽影像。

2-1　圖像的取得

❖ 2-1-1　使用數位相機取得原始影像

數位相機在目前是相當普及的數位產品，精緻又小巧，攜帶方便，走到哪裡就可以拍到哪裡。它的優點是將拍攝的影像存放在記憶卡中，拍攝後可以馬上預覽畫面效果，拍攝不理想可隨時刪除畫面並重新拍攝，而拍攝後，只要利用 USB 電纜將數位相機與電腦連接起來，開啟數位相機的電源開關，數位相機就自動變成一顆卸除式磁碟，可以直接將數位畫面拷貝到電腦中。

在 Photoshop 軟體中，各位可以利用「檔案 / 開啟舊檔」指令來開啟數位相機中的影像檔，另外也可以利用「檔案 / 讀入 /WIA 支援」指令，透過精靈的協助，從 WIA 相容的相機中取得數位影像。讀入的方式如下：

勾選所需的選項 ❶

按下「開始」鈕 ❷

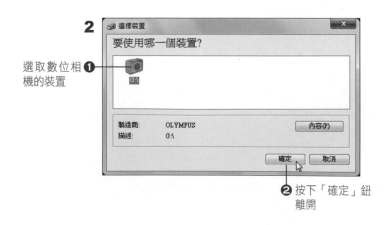

選取數位相機的裝置 ❶

❷ 按下「確定」鈕離開

3

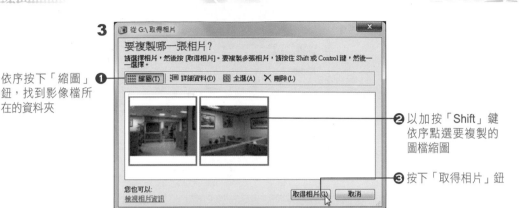

依序按下「縮圖」鈕，找到影像檔所在的資料夾 ❶

❷ 以加按「Shift」鍵依序點選要複製的圖檔縮圖

❸ 按下「取得相片」鈕

4

瞧！影像檔已讀入 Photoshop 中

TIPS

　　由網路攝影機取得影像：數位相機和網路攝影機一樣，都是利用 CCD 感光元件，將透過鏡頭的光線轉換成數位影像，儲存在記憶體或直接傳送於網路上。如果想要由網路攝影機上取得影像，可透過「檔案 / 讀入 /WIA 支援」指令，找到影像來源的裝置，再透過「擷取」功能，即可擷取影像。

❖ 2-1-2 掃描圖片

假如沒有數位相機，而要編輯的影像是沖洗出來的相片或書報中的圖案，那麼必須透過「檔案 / 讀入 /WIA 支援」指令，然後利用掃描器來進行掃描的工作。

1

❶ 按「瀏覽」鈕可
以先設定目的地
檔案夾

勾選選項項目 ❷

按下「開始」鈕 ❸

2

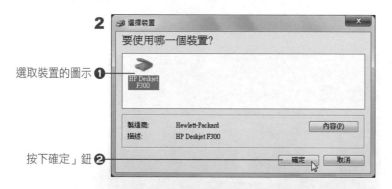

選取裝置的圖示 ❶

按下確定」鈕 ❷

3

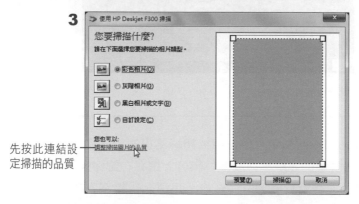

先按此連結設
定掃描的品質

4

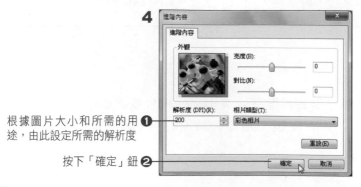

根據圖片大小和所需的用 ❶
途,由此設定所需的解析度

按下「確定」鈕 ❷

5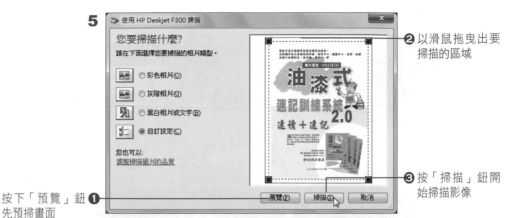

按下「預覽」鈕 ❶
先預掃畫面

❷ 以滑鼠拖曳出要
掃描的區域

❸ 按「掃描」鈕開
始掃描影像

6

影像已顯示在
Photoshop 的工
作區裡

❖ 2-1-3 以 Bridge 瀏覽影像

Bridge 是 Adobe Photoshop 中內建的影像瀏覽程式，它不但啟動速度快，
而且可以管理使用者的檔案。請執行「檔案 / 在 Bridge 中瀏覽」指令，就會
跳到 Adobe Bridge 程式，該程式就像 Windows 的檔案總管一樣，在找到檔
案所在的資料夾後，按滑鼠兩下於影像縮圖上，即可開啟於 Photoshop 程
式中。

由此切換到
檔案所在的
資料夾

由此預視影像

按滑鼠兩下
可開啟圖檔
到 Photo-
shop 程式

這裡顯示檔案
屬性

Adobe Bridge 程式是管理影像資產的最佳工具，除了可以預覽各種的影像格
式外，對於視訊檔案也可以直接從「預視」窗中瀏覽視訊。

點選檔案縮圖

按此鈕播
放視訊

如何有效的管理影像資產，我們會在第三章中為各位作詳細的說明。

❖ 2-1-4　置入智慧型向量物件

在工作區裡若有開啟的文件視窗，可使用「檔案 / 置入」指令將 EPS 的向量格式檔案置入進來。而置入的檔案透過八個控制點就能縮放尺寸或旋轉角度，確定位置再按下「Enter」鍵表示完成。

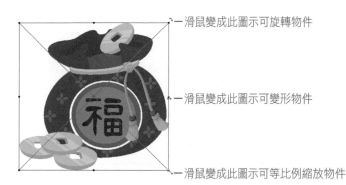

滑鼠變成此圖示可旋轉物件

滑鼠變成此圖示可變形物件

滑鼠變成此圖示可等比例縮放物件

所置入的向量圖形還保留原來向量格式的特點，因此在 Photoshop 編輯版面時，雖經多次的變形縮放，比較不會產生如點陣圖般的模糊現象，這對美術設計來說是一大利多。

2-2　圖像顯示控制

在編輯影像文件時，經常需要看整體畫面的效果，有時又必須放大影像做細部修整，因此控制圖像的顯示比例不可不知。

右側工具箱內有「縮放顯示工具」 及「手形工具」 ，能讓使用者輕鬆瀏覽影像的任何區域，而且在拉近距離檢視影像時，還能保有清晰的效果，即使放大到最高比例，全新的像素格點功能，都能讓使用者輕鬆進行編輯。

❖ 2-2-1　以放大鏡工具檢視影像

選用「縮放顯示工具」 時，其選項上提供各種檢視模式可以快速檢視。

放大顯示	縮放顯示所有文件視窗	顯示 1：1 比例	顯示為列印解析度

重新調整視窗尺寸以相合　縮放顯示所有的視窗　✔ 拖曳縮放　實際像素　顯示全頁　全螢幕　列印尺寸

縮小顯示　縮放時重新調整視窗尺寸　　　　　顯示為螢幕尺寸　縮放為符合螢幕

使用時先按選項上的 🔍 或 🔍 鈕決定要放大或縮小，再到編輯視窗上按下滑鼠左鍵就能縮放畫面。而按於右側的按鈕則直接以 1：1 比例、全頁、全螢幕、或列印尺寸顯示頁面。

另外，在「檢視」功能表中也提供如下等選項，作用與放大鏡工具的選項相同。

放大顯示(I)	Ctrl++
縮小顯示(O)	Ctrl+-
顯示全頁(F)	Ctrl+0
實際像素(A)	Ctrl+1
列印尺寸(Z)	

TIPS

　　放大／縮小的快速切換：滑鼠為 🔍 時，加按「alt」鍵會快速切換成 🔍 工具；反之，滑鼠為 🔍 時，加按「alt」鍵會快速切換成 🔍 工具。

❖ **2-2-2　手形工具**

當影像尺寸較大時，整張影像無法在視窗中完全顯示，此時可利用「手形工具」🖐 來移動畫面，只要按住滑鼠拖曳，就可以改變檢視的區域。

以滑鼠拖曳影像，即可改變顯示的區域範圍

❖ **2-2-3　以導覽器檢視影像**

如果執行「視窗／導覽器」指令，還可開啟「導覽器」浮動面板。這也是圖像顯示的利器，只要移動下方的縮放顯示滑桿，就能縮放檢視比例，而預視窗裡的紅色框線是代表目前文件視窗所顯示的範圍，可拖曳紅框來改變檢視範圍。

按住紅框區域可改變檢視區域

放大顯示鈕

縮小顯示鈕

移動三角形可改變縮放比例

 TIPS

　　修改導覽器檢視方框的色彩：導覽器的檢視方框通常是紅色，如果編輯的畫面也是紅色時會看不清楚，此時可由導覽器右上角按下 ▼≡ 鈕，並執行「面板選項」，就可以設定方框的色彩。

2-3　設計輔助工具

從事美術設計時，好用的輔助工具不可不知。諸如：尺標、參考線、格點等，這是一般人所熟悉輔助中工具。另外還有「備註工具」及「尺標工具」等，我們一併作說明。

❖ 2-3-1　尺標

尺標是設計時經常會用到的一個工具，它可以輔助丈量，執行「檢視 / 尺標」指令，就會在文件視窗的上方與左側顯示尺標。

預設尺標會以左上角的（0.0）為原點，如果要改變原點的位置，可在左上角的 ▇ 處按下滑鼠，然後拖曳到期望的位置上，新原點就可以產生。若要回復（0.0）原點，只要按兩下於 ▇ 就行了。

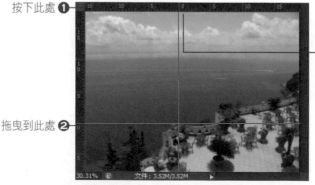

按下此處 ❶

拖曳到此處 ❷

瞧！尺標位置改變了

TIPS

　　更改尺標的度量單位：要更改尺標的度量單位，以方便多媒體介面或網頁尺寸的丈量，可執行「編輯／偏好設定／單位和尺標」指令，就可以在視窗，將尺標單位更換為「像素」。另外，直接在尺標上按右鍵，也可以選擇尺標的單位。

❖ 2-3-2　尺標工具

尺標工具用來幫助使用者測量圖形或線條的座標位置、寬度、高度、和角度等資訊，測量後，各位可在選項列上看到相關訊息。

點選「尺標工具」❶

❷ 在此按下滑鼠左鍵，設定第一個測量點

❸ 再按此設定第二個測量點

❹ 顯示測量線條的座標、長寬等相關資訊

使用這樣的計算工具，就可以輕鬆計算影像的物件，而不需透過目測或是人工的計算，相當的方便。如需清除測量的線條，可在選項上按下 清除 鈕。

❖ 2-3-3 參考線

在顯示尺標後,由尺標往畫面拖曳可顯示參考線,參考線是浮現在影像上的線條,它不會被列印出來。因此可以透過「檢視」功能表來新增、移除或鎖定參考線,或是利用滑鼠拖曳,也可以增加或移動參考線。

由水平尺標下拉可增加水平參考線

選用「移動工具」時,滑鼠在參考線上會變成此圖示,此時可以移動參考線

❖ 2-3-4 格點

執行「檢視 / 顯示 / 格點」指令,可在文件視窗上顯示格點,如果配合「檢視 / 靠齊至 / 格點」指令,對於對稱式的版面設計會更容易做到。如果預設的灰色格線或大小不合宜,可利用「編輯 / 偏好設定 / 參考線、格點與切片」指令去做調整。

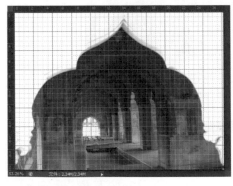

預設的格線效果

透過偏好設定,可更改格線色彩、樣式、或格線距離

❖ 2-3-5　備註工具

在設計的過程裡，突然想到一些該注意的事項，或是完成的作品想告訴客戶自
己的設計理念與創意，都可以利用「備註工具」將它備註下來。由工具中選用
 工具，至頁面上按下左鍵，就可以在如下的視窗中輸入備註內容。

點選「備註工具」❶

至頁面上按下左❷
鍵，就會出現此
符號，而按右鍵
可以選擇開啟或
刪除

❸ 由此可輸入備註

❹ 按此鈕控制開啟
　或關閉備註

預設的備註是以黃色顯示，如果要改變它的色彩，或是輸入作者資訊，可在選
項上做設定。而按右鍵於標籤的圖示，則可執行開啟、刪除等動作。

是非題

1. (　　) 執行「檔案 / 讀入 /WIA 支援」指令，可以從 WIA 相容的相機或掃描器取得影像。

2. (　　) 導覽器的檢視方框可以自行更換顏色。

3. (　　) 數位相機是利用 CCD 感光元件，將透過鏡頭的光線轉換成數位影像，儲存在記憶體。

4. (　　) 在掃描影像時，無法自行先設定掃描的解析度。

5. (　　) Adobe Bridge 程式可以預覽或管理視訊檔案。

6. (　　) 導覽器的檢視方框預設的色彩是紅色。

7. (　　) 要更改尺標的度量單位，可直接在尺標上按右鍵，然後選擇尺標的單位。

8. (　　) 要更改尺標的度量單位，可執行「編輯 / 偏好設定 / 單位和尺標」指令做選擇。

9. (　　) 尺標工具可以測量圖形或線條的座標位置、寬度和高度，但無法測量角度。

選擇題

1. (　　) 下列何者不是設計時的輔助工具？

　　A. 尺標　　　　　　　　B. 參考線

　　C. 格點　　　　　　　　D. 切片

2. (　　) 下列何者無法經由 Photoshop 中取得影像圖檔？

　　A. Abode Bridge　　　　B. 數位相機

　　C. 掃描器　　　　　　　D. 錄影機

3. (　　) 下列何項工具，只要按住滑鼠拖曳，就可以改變檢視的區域？

　　A. 手形工具　　　　　　B. 縮放顯示工具

　　C. 導覽器　　　　　　　D. 以上皆可

4..(　　　) 以「置入」指令所置入的 EPS 向量檔案，透過八個控制點可以做什麼樣的處理？

　　　A. 縮放尺寸　　　　　　　B. 旋轉角度

　　　C. 變形物件　　　　　　　D. 以上皆可

5.(　　　) 要將  快速變成 工具，可按哪個快速鍵？

　　　A. Alt 鍵　　　　　　　　B. Shist 鍵

　　　C. Ctrl 鍵　　　　　　　　D. 以上皆可

6.(　　　) 下面哪個工具鈕是備註工具？

　　　A.　　　　　　　　　　　B.

　　　C.　　　　　　　　　　　D.

實作練習題

1. 學習目標：設定背景內容與置入 EPS 檔案

　練習説明：請利用「開新檔案」與「置入」功能完成如圖的影像效果

　條件要求：底色為 R：203、G：228、B：190、網頁用途、影像尺寸為 800*600

　圖檔來源：樹木 .eps

　完成檔案：習作 1_ok.psd

步驟提示

（1）按於工具的背景色塊上，設定指定的顏色。

（2）執行「檔案 / 開新檔案」指令，設定指定像素、72 像素 / 英寸、RGB
　　　色彩、「背景內容」為背景色。

（3）以「檔案 / 置入」指令置入指定檔案，並調整位置與大小。

2. 學習目標：修改導覽器檢視方框色彩

練習說明：請以「習作 2.JPG」檔案為例，將導覽器的紅色方框更改為
黃色。

步驟提示

由導覽器右上角按下 鈕，並執行「面板選項」指令，將色彩設為黃色。

03 以 Adobe Bridge 管理影像資產

 **學習指引**

利用 Photoshop 來設計網頁、印刷刊物,或多媒體介面,免不了需要各種的影像資源,
然而要讓設計的過程更加順利,影像資源就得妥善管理,這樣在找尋時才能夠順利找
到所需的資料。而 Adobe Bridge 和 Mini Bridge 正是為了方便使用者管理影像資產所
設計出來的功能。此處我們將針對這些好用的功能加以介紹,讓它成為各位管理影像
資產的好幫手。

Photoshop CS6

3-1 影像開啟到編輯程式

❖ 3-1-1 檔案開啟方式

在 Photoshop 軟體中,執行「檔案 / 在 Bridge 中瀏覽」指令,即可啟動該程式。

資料夾切換 ─

選取的資料夾 ─

切換到精簡
模式 ─

預覽選取的
影像 ─

資料夾內的
影像縮圖 ─

想要將影像開啟到 Photoshop 中,可直接點選影像縮圖兩下,或是在影像上按右鍵,再執行「開啟方式 /Adobe Photoshop CS6(預設瀏覽器)」指令,即可開啟於 Photoshop 程式中。

❷ 執行此指令

❶ 按右鍵於影像縮圖

2

檔案顯示於
Photoshop 中

❖ 3-1-2 輕鬆往返 Photoshop

如果想要從 Bridge 返回 Photoshop，由功能表上執行「檔案 / 返回 Adobe
Photoshop」指令就可以了。

3-2　組織與管理影像

❖ 3-2-1　工作區版面切換

Adobe Bridge 的工作區版面共有四種，前面各位所看到的視窗介面就是預設的工作區 -「檢視內容縮圖」，若要切換，可由視窗右下角按下 鈕切換到「檢視內容詳細資料」，或按 鈕切換到「檢視內容清單」。

檢視內容詳細資料

由此切換工作區版面

檢視內容清單

拖曳此處的滑鈕，可以改變縮圖大小

❖ 3-2-2 從相機取得相片

開啟 Adobe Bridge 程式後，想要將數位相機中的數位影像加入，只要數位相機與電腦連接的狀態下，透過以下方式就可完成。

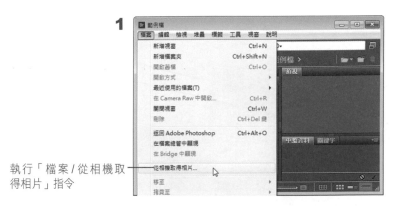

1

執行「檔案 / 從相機取得相片」指令

2

設定次檔案資料夾的 ❸ 建立方式

下拉選擇「自訂名稱」，並設定名稱的起始文字

❶ 由「相片來源」下拉選擇「相機或讀卡機」的位置

❷ 按下「瀏覽」鈕設定影像將來存放的位置

❺ 按下「取得媒體」鈕開始取得影像

3

稍待片刻，影像正在拷貝至電腦中

4

分別依拍攝日期
來存放影像

❖ 3-2-3 新增檔案夾

取得影像後，要將影像分門別類管理，首先就是新增檔案夾。按右鍵在欲新增
資料夾的位置上，執行「新增檔案夾」指令，即可為新資料夾命名。

1

按右鍵於資 ❶
料夾上

❷ 執行「新增
檔案夾」指
令

2

輸入資料夾名稱

❖ 3-2-4 搬移影像位置

想要將影像檔搬移到所屬的類別中,只要選取影像縮圖,直接拖曳到檔案夾後放開,即可完成搬移的動作。

1

直接拖曳到所屬資料夾中 ❷

❶ 加按「Shift」鍵,選取要搬移的影像縮圖

2

瞧！選取的圖檔
已顯示在該類別
的資料夾中

❖ 3-2-5 刪除不良影像

檢視的過程中，如果發現影像拍攝不清楚，想要將它刪除，可直接按右鍵執行「刪除」指令。

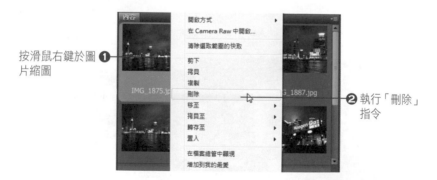

按滑鼠右鍵於圖片縮圖 ❶

❷ 執行「刪除」指令

❖ 3-2-6 旋轉影像方向

拍攝的照片如果採直式的拍攝方式，影像縮圖會以橫向顯示，如果要旋轉影像，可以由「編輯」功能表下拉作選擇。

由「編輯」功能表下拉選擇旋轉的指令 ❷

❶ 點選要做旋轉的圖片

縮圖方向變直式了

❖ 3-2-7　為影像加標籤

檢視影像時，各位可以為影像設定不同的等級或標示，以方便將來影像的選用。在 Adobe Bridge 中，除了可設定五種不同等級外，也可以為影像加入不同的標籤標示，諸如：已審批、檢視、待處理…等，這些都可以透過「標籤」功能表做選擇。

淡藍色表示「檢視」

綠色表示「已審批」

紅色表示「選取」

黃色表示「第二」

紫色表示「待處理」

以色彩顯示的相關標籤

❖ 3-2-8 編修相機原始資料

拍攝的影像假設有色溫、曝光度、或清晰度的問題，可以按右鍵執行「在相機原始資料中開啟」指令，即可進入如下視窗中調整相機原始資料。

在 CS6 的版本中，Camera Raw 7 的功能在「基本」控制項的部分又做了增強和改進，對於白平衡、亮部、陰影、雜訊等提供新的局部校正。透過 Camera Raw 的視窗畫面，各位可以針對整體影像或局部影像作調整。各工具按鈕我們在此先做個簡單的說明：

右側的標籤按鈕

圖示	按鈕名稱	功能說明
	基本	影像的基本設定,包括白平衡、曝光、對比、亮部、陰影、清晰度、飽和…等調整。
	色調曲線	調整亮部、亮調、暗調、陰影。
	細部	針對銳利化、雜訊的減少作調整。
	HSL/ 灰階	調整色相、飽和度及明度,或是將影像轉換成灰階。
	分割色調	調整亮部或陰影的色相與飽和度。
	鏡頭校正	包含變形、鏡頭暈映的調整。
 *fx*	效果	設定顆粒的大小與粗糙度,以及後製裁切暈映的樣式變化。
	相機校正	針對紅、綠、藍等主要色的色相與飽和度作調整。
	預設集	提供預設集的新增。
	快照	提供快照的功能,以便比較影像經不同功能調整後的顯示效果。

上方的工具按鈕

圖示	按鈕名稱	功能說明
	縮放顯示工具	選此工具,滑鼠會變成「+」的符號,可以放大影像比例,若加按「Alt」鍵,滑鼠則會變成「-」的符號,可縮小影像比例。
	手形工具	影像的大小若大於檢視視窗,可透過手形工具移動影像,以改變檢視區域。
	白平衡工具	透過滑鼠點選影像區域,以調整影像的色溫及色調。

圖示	按鈕名稱	功能說明
	顏色取樣器工具	可在影像上取得 1-9 組的樣本，以了解該取樣點的 RGB 數值，若要清除取樣的結果，可按下 清除取樣器 鈕。
	目標調整工具	可個別針對參數型曲線、色相、飽和度、明度、灰階混合作調整。
	裁切工具	下拉選擇「自訂」，可限定裁切的比例或特定尺寸。
	拉直工具	可將歪斜的影像作拉正的處理。
	汙點移除	可以透過仿製或修復的方式，來移除影像中的瑕疵。
	紅眼移除	可以將閃光燈拍攝時，所造成的紅眼現象消除。使用時可用滑鼠拖曳出整個眼睛和部分周遭臉孔，即可刪除紅眼。
	調整筆刷	可以針對影像的局部區域作曝光度、亮度、對比、飽和度、清晰度、銳利度等之調整。
	漸層濾鏡	可對影像加入漸層的濾鏡變化。
	開啟偏好設定對話框	按此鈕用以開啟「Camera Raw 偏好設定」的視窗。
	逆時針旋轉影像 90 度	將影像向左旋轉 90 度。
	順時針旋轉影像 90 度	將影像向右旋轉 90 度。

了解各按鈕所代表的意義後，接著我們試著來調整影像的缺點，以便為過暗的區域補光，同時讓灰白的天空變得晴朗些。

按右鍵於縮圖上 ❶

❷ 執行「在 Camera Raw 中開啟」指令

2

切換到「基本」標籤 ❶

調整後,可看到此區域的影像變亮

❷ 由此調整陰影的比例

3

點選「漸層濾鏡」工具 ❶

❷ 在影像上由右上拖曳到中間,使顯現如圖的綠點到紅點的漸層效果

❸ 按下顏色的色塊

4

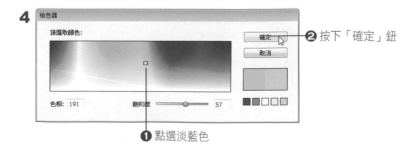

檢色器

請選取顏色:

確定

取消

色相: 191　　飽和度　　57

❷ 按下「確定」鈕

❶ 點選淡藍色

5

天空變晴朗了！

如果看不到效果，可以調整一下「曝光度」

設定完成，按「完成」鈕離開

調整後的影像，各位如果在一般的瀏覽程式是看不到它修正後的結果，若是透過 Photoshop 開啟，它會先進入 Camera Raw 7 的程式(如上步驟 5 的畫面)，待各位按下 開啟影像 鈕，才會開啟於 Photoshop 中。如果想永久的變更編修後的影像，則請在 Camera Raw 7 程式中按下 儲存影像... 鈕，再從如下的視窗中選擇要儲存的選項。

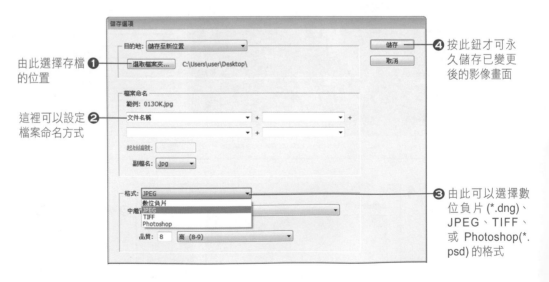

由此選擇存檔❶
的位置

這裡可以設定❷
檔案命名方式

❹ 按此鈕才可永久儲存已變更後的影像畫面

❸ 由此可以選擇數位負片 (*.dng)、JPEG、TIFF、或 Photoshop(*.psd) 的格式

3-3 好用的工具

❖ 3-3-1 重新命名批次處理

資料夾中的檔案如果需要重新命名,透過「工具/重新命名批次處理」指令,
即可快速完成。

1

選定資料夾 ❶

❸ 執 行「 工 具 /
重新命名批次
處理」指令

❷ 按「 Ctrl」+
「A」鍵 全 選
所有檔案

2

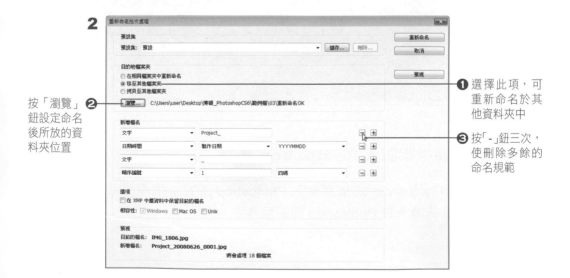

按「瀏覽」
鈕設定命名
後所放的資
料夾位置 ❷

❶ 選擇此項,可
重新命名於其
他資料夾中

❸ 按「 - 」鈕三次,
使刪除多餘的
命名規範

3

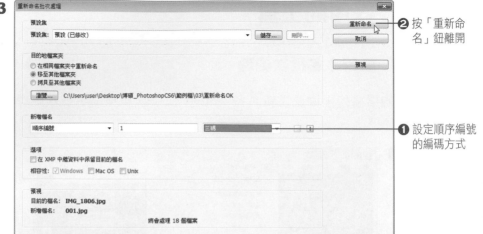

❷ 按「重新命名」鈕離開

❶ 設定順序編號的編碼方式

4

原先的資料夾將清空,而新資料夾中則以新的命名方式顯示

❖ 3-3-2 將檔案載入 Photoshop 圖層

使用「工具 /Photoshop/ 將檔案載入 Photoshop 圖層」指令,可以將點選的影像縮圖,全部載入到 Photoshop 的圖層當中。

1

點選要使用 ❶
的影像縮圖

❷ 執行「工具 /Photo-shop/ 將檔案載入 Photoshop 圖層」指令

2

自動開啟 Photo-shop 程式，影像自動顯示在各圖層中

❖ 3-3-3　影像處理器

對於 Bridge 中所選取的插圖，如果想要轉存成特定尺寸的 JPG、PSD、或 TIFF 格式，或是想套用特定的動作效果，可以執行「工具 /Photoshop/ 影像處理器」指令，即可顯示如下的視窗來進行影像處理。

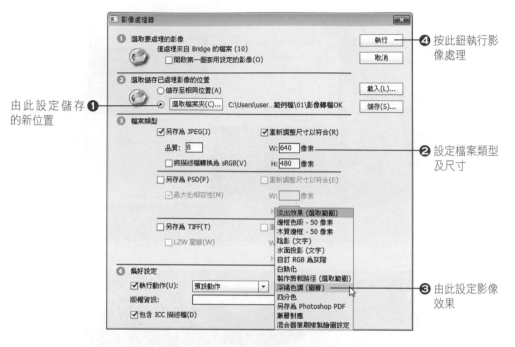

由此設定儲存 **❶**
的新位置

❹ 按此鈕執行影
像處理

❷ 設定檔案類型
及尺寸

❸ 由此設定影像
效果

3-4　Mini Bridge

Mini Bridge 是從 CS5 版本開始加入的功能，在 Mini Bridge 中所瀏覽的檔案都是由 Adobe Bridge 所提供，所以必須 Bridge 正在執行的狀態下，才可以利用 Mini Bridge 來瀏覽檔案。所不同的是，各位可以直接在 Photoshop 中看到 Mini Bridge 面板，而不用在 Bridge 和 Photoshop 兩程式中互相切換。

按此鈕先啟動 Adobe Bridge
程式，才能在 Mini Bridge 中
瀏覽檔案

在 CS 6 的版本中，Mini Bridge 的功能與面板已做了大幅度的更動與改進，面板比先前的版本更簡化，使用起來更為便捷。

❖ 3-4-1 瀏覽與開啟影像檔案

啟動 Bridge 程式後，由視窗左側依序點選影像檔案所在的資料夾，即可在面板中瀏覽所有的影像縮圖。而按滑鼠兩下於影像縮圖上，即可將影像檔開啟於 Photoshop 程式中。

切換後，這裡會顯示路徑，由路徑處可以快速回到上層的資料夾

由此切換到下層 ❶ 資料夾的位置

❷ 按兩下縮圖，可開啟影像

❖ 3-4-2 預視影像 功能加強

Mini Bridge 中的縮圖雖小，但是在影像的預覽或審核方面，卻是相當的便利。由「檢視」鈕下拉，或是利用滑鼠右鍵，即可選擇「幻燈片播放」或是「審核模式」來瀏覽影像。

❶ 按「檢視」鈕

❷ 下拉選擇「審核模式」

以全螢幕方式顯示該資料夾中的所有影像

點選要審查的影像

3

該影像會顯示
在螢幕最中
央，滑鼠在影
像中會顯示
「+」的放大鏡
圖示

4

如要審視其他
影像，請直接
點選縮圖

按下滑鼠左
鍵，該處會顯
現該區域的放
大圖，方便使
用者審閱影像
的細部

若要離開審視
模式可按此鈕

❖ 3-4-3 檢視影像資訊

在瀏覽影像時，如果想要知道檔案類型、影像尺寸、修改日期、標籤和分級…
等資訊，由「檢視」鈕下拉選擇「顯示」，即可從副選單中做選擇。

按此鈕 ❶

下拉選擇「顯示」 ❷
之下的選項

❖ 3-4-4 顯示標記影像

如果資料夾中的影像很多，而各位已在 Adobe Bridge 中針對影像的品質做過篩選的動作，那麼在 Mini Bridge 中瀏覽時，可以利用 🔽 鈕來依照分級作項目的篩選。

❶ 按下此鈕

❷ 選擇要篩選的項目

限於篇幅的關係，Adobe Bride 及 Mini Bridge 的功能僅介紹到此，其他未介紹的功能，就留待各位自行去體驗和嘗試，屆時各位就會發現它的方便性。

是非題

1. (　　) Adobe Bridge 是為了方便使用者管理影像資產所設計出來的程式。

2. (　　) 從 Adobe Bridge 程式中，也可以將數位相機中的數位影像載入進來。

3. (　　) 在下載數位相機中的影像時，無法同時作重新命名的處理。

4. (　　) 只要選取影像縮圖後，直接拖曳到檔案夾中，即可將影像檔搬移到所屬的類別中。

5. (　　) 拍攝的照片如果採直式的拍攝方式，透過 Adobe Bridge 可以將影像轉正。

6. (　　) 在 Adobe Bridge 中，綠色表示影像「已審批」。

7. (　　) 使用「工具 /Photoshop/ 將檔案載入 Photoshop 圖層」指令，只可將單一影像載入到 Photoshop 中。

8. (　　) 在 Adobe Bridge 中，也可以直接調整相機原始資料。

9. (　　) Mini Bridge 中瀏覽檔案的功能事實上是由 Adobe Bridge 所提供。

選擇題

1. (　　) 下列何者不是 Adobe Bridge 所提供的功能？

   A. 重新命名批次處理   B. 為影像加標籤

   C. 加入文字   D. 從相機取得相片

2. (　　) Adobe Bridge 所提供的工作區版面共有幾種？

   A. 2 種   B. 3 種

   C. 4 種   D. 5 種

3. (　　) Adobe Bridge 提供幾種不同等級的標示方式？

   A. 5 種   B. 6 種

   C. 7 種   D. 8 種

實作練習題

1. 學習目標：影像分類管理

   練習說明：請在 Bridge 程式中，將「數位影像」資料夾中的圖檔，依「船」、「音樂會」、「文化古蹟」等三個資料夾分別存放

   圖檔來源：「數位影像」資料夾

完成結果：

文化古蹟

音樂會

船

步驟說明：

（1）按右鍵執行「新增檔案夾」指令，並輸入指定的資料夾名稱。

（2）以拖曳的方式，將影像縮圖拖曳到所屬資料夾中。

2. 學習目標：以 Camera Raw 7 編修相片原始資料

　　練習說明：延續上題，請將「文化古蹟」資料夾中的「P5260147.jpg」圖
檔，開啟於相機原始資料中，並調整相片的曝光值，使城門顯示正常效果

　　圖檔來源：「文化古蹟 /P5260147.jpg」

原影像　　　　　　　　　　　　　　　　　曝光值設為 2 的效果

步驟說明：

（1）按右鍵於影像縮圖，執行「在 Camera Raw 中開啟」指令。

（2）切換到「基本」標籤，將曝光值加到「2」，按下「完成」鈕離開。

3. 學習目標：影像檔重新命名

練習說明：請將「文化古蹟」資料夾中的影像檔，以「古蹟001.JPG」、「古蹟002.JPG」…之方式重新命名

圖檔來源：「文化古蹟」資料夾

原命名方式

重新命名結果

步驟說明：

（1）執行「工具/重新命名批次處理」指令。

（2）新增檔名先設為「文字」，並輸入「古蹟」二字。

（3）按下「+」鈕加入第二命名規範。

（4）下拉選擇「順序編號」、數字設為「1」、「三碼」，按下「重新命名」鈕。

NOTE

04 數位影像的基礎編輯與修補

 **學習指引**

近年來由於數位相機和智慧型手機的普及，很多人已經習慣使用它們來記錄生活點滴，一方面可以即時預覽拍攝結果，而且不用考慮到沖洗費的壓力，因此愛怎麼拍就怎麼拍。然而因為拍攝技巧的不夠熟練，有時影像會出現模糊、色偏、曝光過度或不足⋯等情形，對於一些重要時刻的記錄，如果想要調整它的缺失，那麼必須借重影像編輯程式來做修補，讓這些重要時刻都能留下最美好的記錄。這個課程中，我們將針對一般大眾常遇到的影像缺失問題作說明，讓數位照片呈現最佳的效果。

Photoshop CS6

4-1　影像色彩調整

❖ 4-1-1　自動調整影像色調、對比與色彩

假如沒有做過影像調整的經驗，不知如何開始做影像的色彩、對比或色調階層的調整，不妨利用 Photoshop 提供的自動功能來修正。由「影像」功能選單中選擇「自動色調」、「自動對比」、或「自動色彩」功能，不用作任何的選項設定，就能完成調整的工作。

原影像　　　　　　　　　　　　　經自動色調、自動對比、自動色彩修正後的結果

❖ 4-1-2　調整色階

要判斷影像是否需要調整，可以先觀看一下影像的色調分佈情形，執行「視窗 / 色階分佈圖」指令可以開啟「色階分佈圖」的浮動視窗。

色階分佈圖在預設狀態下會顯示如上圖的「精簡視圖」，這是顯示彩色色版的相關資訊。畫面中的紅、綠、藍等色彩便是紅、綠、藍各色版的分布情形。若由視窗右上角下拉選擇「擴展視圖」，則可以做各種色版的切換。

按此鈕 ❶

❷ 下拉選擇「擴展視圖」

下拉選擇「RGB」色版

這裡顯示統計資訊

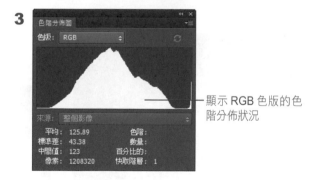

顯示 RGB 色版的色階分佈狀況

透過色階分佈圖，可以清楚了解影像的 RGB 色彩分佈狀況。以如下的穿廊為例，分佈圖呈現中高而左右低的山形，表示大部份像素是集中在中間色調的位置，因此可以斷定影像的曝光正常。

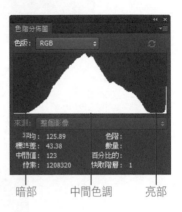

暗部　　　　中間色調　　　　亮部

反觀下圖的商店街景，暗部與亮部的像素多於中間色調，表示影像的明暗對比較大。

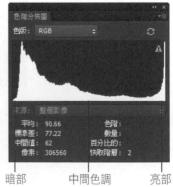

暗部　　　　中間色調　　　　亮部

想要調整影像的色階，執行「影像/調整/色階」指令，將會顯現下圖的視窗。

此鈕控制暗部色調　　　　　　　　　　　　　　　　　　此鈕控制亮部色調

要調整影像的明暗對比，只要將亮部的滑動鈕往左拖曳，就會增加影像的亮度，如果將暗部的滑動鈕往右拖曳，影像的色調就會變暗。

將亮部的滑鈕往左
移動，影像會變亮

使用「色階」功能也可以透過紅、綠、藍三個色版來調整影像的色調。以下圖
為例，由「色版」下拉選擇紅色，將亮部的滑動鈕往左拖曳時，就會改變影像
的紅色成分。

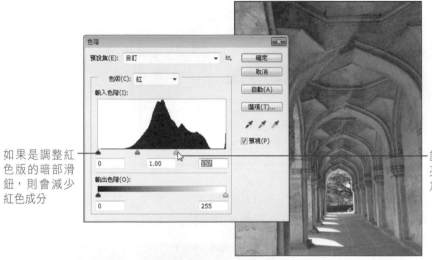

如果是調整紅
色版的暗部滑
鈕，則會減少
紅色成分

調整紅色版的
亮部滑鈕會增
加紅色成分

透過「色階」的功能，也可以快速為影像進行色階調整；如下圖所示，按下
「設定最亮點」 🖊 鈕，再到影像上以滑鼠設定新的最亮點位置，Photoshop 就
會根據設定的新亮點來重新調整影像的色階。

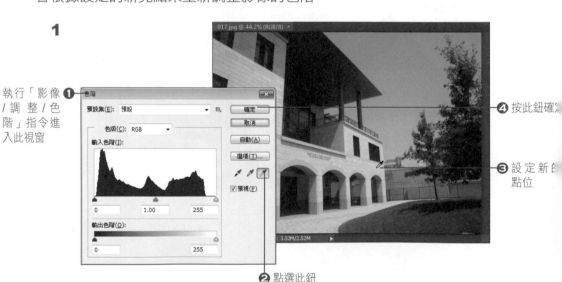

執行「影像 ❶
/ 調 整 / 色
階」指令進
入此視窗

❹ 按此鈕確定

❸ 設 定 新 白
點位

❷ 點選此鈕

2

影像的色階已重新調
整,畫面整個變亮了

TIPS

　　重設影像調整:每次調整影像色彩時,若調整的結果不滿意,想要回
到剛進入視窗的預設狀態,可加按「Alt」鍵,此時原來的「取消」鈕會變成「重
設」鈕,按下該鈕就不必離開視窗,即可重新設定。

❖ 4-1-3 調整曲線

和色階一樣,「曲線」功能也可以調整影像的明暗與色調。執行「影像 / 調整 /
曲線」指令,進入如下視窗時,會看到筆直的對角線,拖曳該線條就會自動增
加節點,並形成曲線型態。

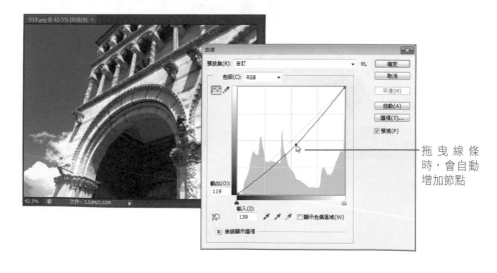

拖曳線條
時,會自動
增加節點

如果將曲線往上拉會提高影像亮度，曲線下拉則影像變暗。若是想加大影像的
反差，那麼透過兩個節點，並將右側亮部上拉，左側暗部下拉就行了；而透過
「色版」的控制，就能自由的增減紅、綠、藍版的比例。

增加對比

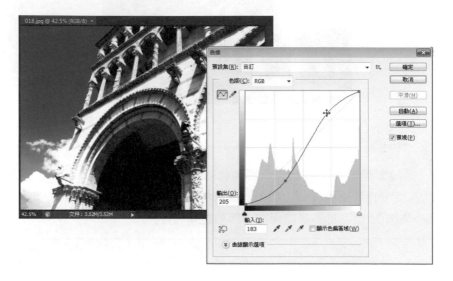

改變色調

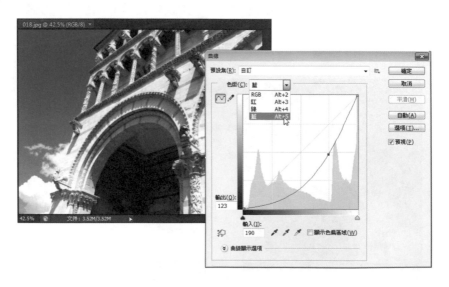

另外，當曲線作極大幅度的波動時，會產生詭譎多變的色彩效果，如圖示。

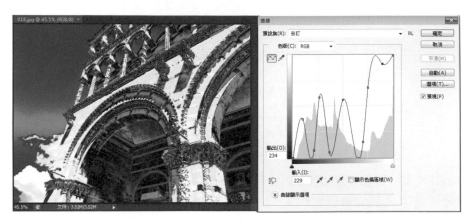

曲線的波度越大，色彩差異度就越大

❖ 4-1-4 調整色彩平衡

「影像 / 調整 / 色彩平衡」主要是針對色彩和色調做平衡的調整。

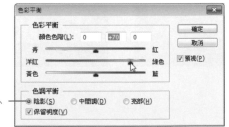

這裡可以選擇針對陰影、
中間調、或亮部做調整

以左下圖為例，如果希望綠葉能更翠綠，只要在影像的「陰影」加入更多的「綠色」，就能顯現右下圖的色彩效果。

陰影加入更多的綠色

❖ 4-1-5 調整亮度 / 對比

「影像 / 調整 / 亮度 / 對比」功能只針對影像的反差與明暗度作調整。

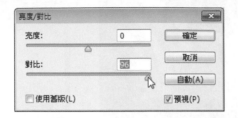

當滑鈕往右時，亮度或對比會增加，往左時則降低，如左下圖所示，將「對比」值調大，畫面效果變得更鮮明。

原影像

對比調到 +96 的效果

❖ 4-1-6 調整色相 / 飽和度

「影像 / 調整 / 色相 / 飽和度」可針對整個影像，或紅、黃、綠、青、藍、洋紅等色彩做色相、飽和度和明亮度作色彩的調整。利用這項功能可以將影像中的某個色彩更換成其他顏色。以下圖中的汽車為例，想更換汽車的色調，可以先選定車子的區域範圍，從「編輯」中選定藍色，再調整色相滑鈕，很快就可以更換車子顏色。

以選取工具選定車子
的區域範圍,執行
「影像 / 調整 / 色相 /
飽和度」指令進入下
圖視窗

由此選擇車子的 ❶
色調 - 藍色

❸ 按此鈕確定

❷ 由色相調整
出新的色相

插入面板

如果勾選「上色」，影像將轉變成單一色調，透過色相的選定，可做成沖洗店
所提供的黑白彩洗效果。

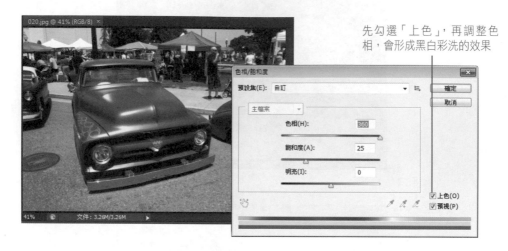

先勾選「上色」，再調整色
相，會形成黑白彩洗的效果

❖ 4-1-7 選取顏色與取代顏色

「影像 / 調整」功能中的「選取顏色」和「取代顏色」都是用來更換色彩，所
不同的是，「選取顏色」是選擇特定的色彩做調整，而「取代顏色」則是強制
性的置換顏色。

選取顏色

以「選取顏
色」功能調
整紅色系,
販賣物中的
紅色飾品也
會被調整

取代顏色

點選此 **❶**
滴管

❷ 先至預視
窗設定要
更換的色
彩

由此調整 **❸**
選定的區
域範圍

❹ 由此設定取代的
顏色及其明亮度

❺ 調整後,只有
牆壁被調整,
其他紅色調不
受影響

❖ **4-1-8 調整陰影 / 亮部**

「影像 / 調整 / 陰影 / 亮部」可針對陰影、亮部、中間調對比做細部的調整。

如上圖所示，室內影像因光線明暗差距大，可能形成曝光不足，畫面過暗的情形，此時即可使用此功能作調整。

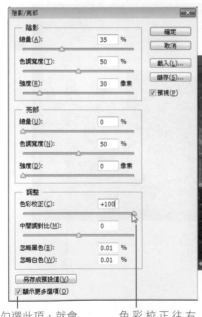

勾選此項，就會
顯示所有選項

色彩校正往右
移，牆壁上的壁
畫色彩越鮮明

❖ 4-1-9　調整自然飽和度

當各位發現影像的色彩飽和度不夠時，可
以考慮使用「影像 / 調整 / 自然飽和度」的
功能來讓色彩更鮮明自然。

如下圖所示，如果希望綠葉更翠綠，粉紅花色彩更紅，試著使用「影像 / 調整
/ 自然飽和度」來作調整。

原影像

自然飽和度調至 +59，飽和度 +100 的效果

❖ 4-1-10　調整曝光度

「影像 / 調整 / 曝光度」主要透過曝光度、偏移量、及 Gamma 校正等方式來
調整影像色彩。

使用者可以透過滑鈕來控制，也可以透過視窗右側的滴管到影像上設定最亮或最暗的區域。

點選滴管 ❶

增加曝光度，可讓明暗對比變大

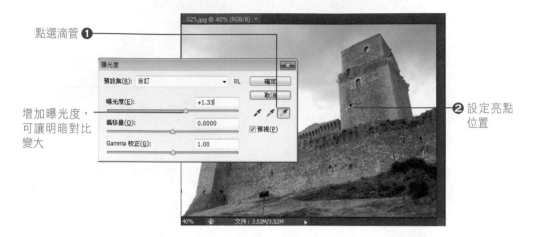

❷ 設定亮點位置

❖ 4-1-11 綜觀變量

「影像 / 調整 / 綜觀變量」提供陰影、中間調、亮度、飽和度等綜合調整。由於可以直接從縮圖上比較原影像與目前影像的差別，以及加入各色彩後的差異性，對色彩調整不熟悉的人來說，算是一項很好用的工具。

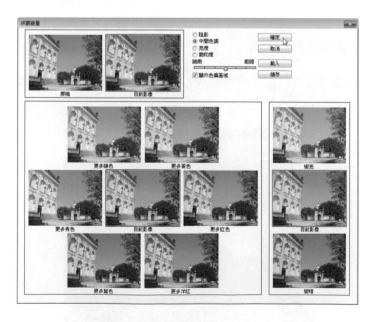

❖ **4-1-12　符合顏色**

「影像 / 調整 / 符合顏色」指令可以將影像中的某種顏色轉換成另一張影像中的特定顏色。

目標影像　　　　　　　　　　　　　　　　來源影像

如上所示，兩張畫面中的小朋友是同一個，但是膚色因拍攝的設定不同而差異很大，如果希望看起來比較一致，就可以利用「符合顏色」的功能來處理。

1

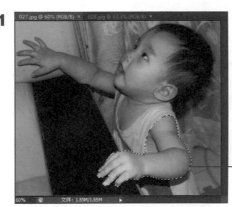

先以選取工具設定來源影像中想要使用的膚色區域

2

在目標影像中圈選要替換的區域

3

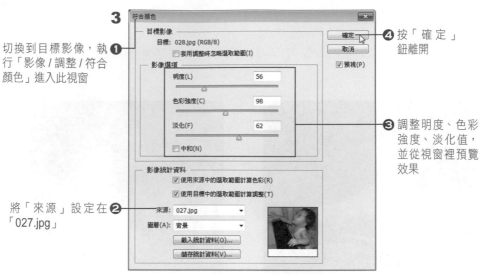

切換到目標影像，執行「影像 / 調整 / 符合顏色」進入此視窗 **①**

④ 按「確 定」鈕離開

③ 調整明度、色彩強度、淡化值，並從視窗裡預覽效果

將「來源」設定在 **②**「027.jpg」

調整之後，小孩的膚色就不會像原來的看起來那麼的慘白，而且與來源影像的膚色較接近些。

原影像

調整之後的膚色

❖ 4-1-13　色版混合器

「影像 / 調整 / 色版混合器」指令除了提供在現有的色版與輸出色版之間做色彩調整外，運用多種的預設集，更可以輕鬆進行黑白的轉換。使用時，只要分別點選紅、綠、藍色版，再調整下方的顏色強度，就能產生特別的色調，若要形成黑白效果，則請勾選「單色」。

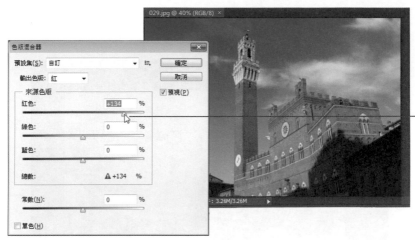

透過輸出色版
可以調整紅色
的比重，讓建
築物的紅磚更
鮮明

4-2 影像的仿製

所拍攝的數位影像，有時候因為一時疏忽而將多餘的景物拍攝進去，或是人美
花嬌，但美中不足的是主角臉上有一顆大痘痘…，諸如此類的影像問題，都可
以利用 Photoshop 所提供的仿製工具來加以修飾。

❖ 4-2-1 仿製印章工具

「仿製印章工具」 用來修補影像，只要先設定仿製的起始位置，由選項上
選擇適當的筆刷，就可以將所設定的影像仿製到指定的位置上。此外，還可在
「仿製來源」浮動面板中設定多個來源錨點、縮放比例、或旋轉角度。

由此可以設定
多個來源錨點

現在先來試著以牆壁來修補雕像後方多出來的參觀者，使畫面能顯示更完美的效果。

1

選定筆刷大小 ❶

加按「Alt」❸
鍵先設定牆
壁作為仿製
起始點

❷取消「對齊」
選項的勾選

❹到需要修補
的地方開始
修補影像

2

畫面修補完
後，看起來
較清爽

在仿製影像時，特別注意選項上的「對齊」，我們以下面的實例解說它的不同點。

勾選「對齊」

仿製工作是以第一次所設定的仿製起始為基礎，然後往外延伸。因此按三次分批仿製，完成的是同一個影像。

使用「Alt」鍵設定鼻子為仿製起始點 ❶

❷ 按第 1 下滑鼠所仿製的區域

❸ 按第 2 下滑鼠所仿製的區域

❹ 按第 3 下滑鼠所仿製的區域

未勾選「對齊」

每一次按下滑鼠都是以仿製起始點（鼻子處）開始仿製，因此分三次仿製，所產生的圖形就變成三個了。

使用「Alt」鍵設定鼻子為仿製起始點 ❶

❷ 按第 1 下滑鼠所仿製的區域

❸ 按第 2 下滑鼠所仿製的區域

❹ 按第 3 下滑鼠所仿製的區域

瞭解「對齊」與否的不同點，相信下回在仿製人像時，就知道該如何做比較恰當了。

❖ 4-2-2 圖樣印章工具

圖樣印章工具 是將選定的圖樣，透過模式和不透明的設定，將圖樣印製到影像上。

選定工具❶
❸ 再按此鈕
❷ 按此鈕
❹ 選擇「石頭圖樣」

按此鈕加入圖樣

❷ 由此選擇筆刷大小
❸ 由此設定影像混合模式
❶ 下拉挑選岩石的圖樣

4

於此處塗抹，即可加入石頭的分布區域

⚙ TIPS

　　自訂圖樣：使用圖樣印章工具時，也可以將自己設計的圖樣蓋印在影像上，但必須先定義圖樣才行。當選定圖樣後，先全選圖形，執行「編輯 / 定義圖樣」指令，輸入名稱後，就能在圖樣揀選器中找到定義的圖樣了。

圖樣印章工具的選項上，還有一項「印象派」的功能，透過這項功能可以蓋印出印象畫派的畫風。以下圖的花為例，將該圖案定義成圖樣後，另外開啟同等大小的空白檔案，就可以畫出具藝術氣息的畫作。

先將圖片定義為圖樣

1

❶ 按「Ctrl」+「A」鍵全選圖形

❷ 執行「編輯 / 定義圖樣」指令

2

按下「確定」鈕

開啟同樣大小的空白頁面，選用自訂的圖樣

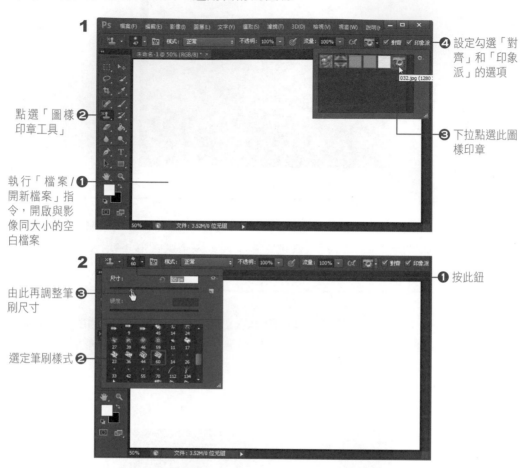

點選「圖樣
印章工具」❷

執行「檔案 /
開新檔案」指
令，開啟與影
像同大小的空
白檔案 ❶

❹ 設定勾選「對
齊」和「印象
派」的選項

❸ 下拉點選此圖
樣印章

由此再調整筆
刷尺寸 ❸

選定筆刷樣式 ❷

❶ 按此鈕

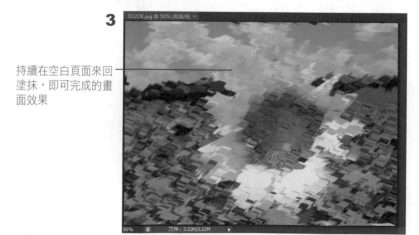

持續在空白頁面來回
塗抹，即可完成的畫
面效果

4-3 影像的修復

影像上的缺失,除了使用仿製功能來作大範圍的修復外,還有一些不錯的工具,可以用來修補小範圍的瑕疵,諸如:臉上的痘痘、紅眼現象,或是作為增強效果的處理。現在我們就來看看這些工具的使用方法。

❖ 4-3-1 修復筆刷工具

修復筆刷工具  是一項修復臉上瑕疵的好用工具,臉上有痘痘、斑點、鬍鬚、疤痕、黑痣…等,都可以利用這項工具來修復。

在修復人像時,通常都是以「取樣」做為來源,使用時必需先按「Alt」鍵設定影像來源錨點,再到要修復的地方進行修復就行了。

選此工具 ❶

開始修復臉上 ❹
的黑痣

❷ 設定為「取樣」
及「正常」模式

❸ 按「Alt」鍵設
定取樣來源

瞧!臉上和脖子
上的黑痣都不見
蹤影了

❖ 4-3-2 修補工具

修補工具 是修補臉上瑕疵的一項便利工具。在 CS6 的版本中，針對「內容感知」的修補功能又做了加強，可以透過鄰近內容的合成，而完美無縫的取代不要的影像元素。基本上它的修補方式有兩種，一種是採「來源」方式，一種是「目的地」方式，兩種作法剛好相反。

修補： 正常　　　●　來源　　● 目的地　□ 透明　　使用圖樣

來源

先圈選要修補的位置，再將圈選區拖曳到無瑕疵的地方。

範例：035.jpg

1. 圈選有斑點的區域　　　　2. 拖曳到無瑕疵的皮膚處　　　3. 斑點不見了

目的地

先圈選無瑕疵的皮膚，再拖曳到要修復的瑕疵處。

1. 圈選膚色完好的地方　　　2. 拖曳圈選區到有斑點的地方　　3. 斑點被修復了

❖ 4-3-3 污點修復筆刷工具

污點修復筆刷工具 在使用時，不需要先選取範圍或定義來源點，只要由選項上設定修復的混合模式，並配合類型做選擇，就可以在畫面上以按滑鼠的方式，或是拖曳的方式將汙點加以修復。

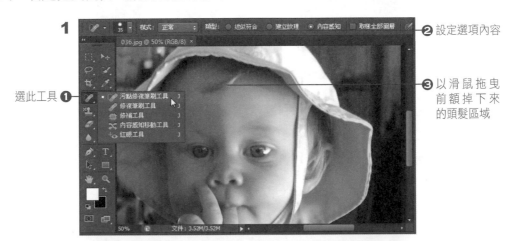

1

② 設定選項內容

選此工具 ❶

③ 以滑鼠拖曳
前額掉下來
的頭髮區域

2

前額修復完成

❖ 4-3-4 內容感知移動工具

內容感知移動工具 是 CS6 版本新增的功能，它可以讓使用者快速重整影像，不需要精確的選取動作，就可以利用「延伸」或「移動」的模式，製作出栩栩如生的蓬鬆頭髮、樹木或建築物等類的影像物件。

1

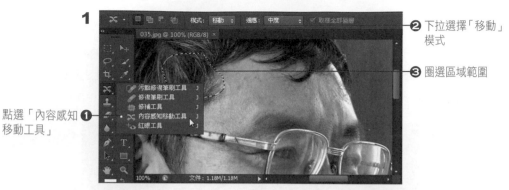

點選「內容感知 ❶
移動工具」

❷ 下拉選擇「移動」
　模式

❸ 圈選區域範圍

2

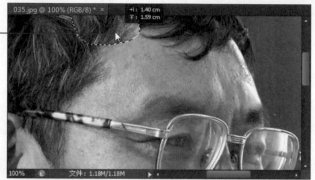

將選取區往上拖曳

3

顯示修正的結果

❖ 4-3-5　紅眼工具

紅眼工具主要在消除因閃光燈直接照射眼睛所產生的紅眼現象，只要在紅眼區域按一下滑鼠，就可以馬上消除。

原影像有紅眼現象　　　　　　按滑鼠左鍵於紅色區域，紅眼消失了

4-4　範例實作—以仿製工具與橡皮擦工具合成影像

完成畫面

學習目標

這個範例主要練習使用「仿製印章」來合成畫面。請利用「仿製印章工具」設定仿製起始點，再依序仿製所需的影像。特別注意的是，複製影像時可以將兩影像並列，以方便觀察複製的位置。

來源檔案

步驟說明

1

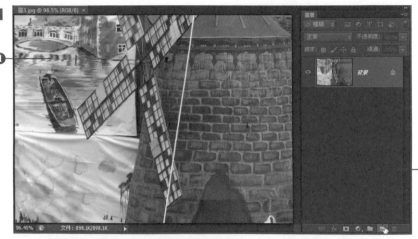

開啟「圖 3.jpg」❶
圖檔

❷ 開啟圖層
面板，按
此鈕使新
增空白圖
層

2

點選「仿製❷
印章工具」

加按「Alt」❹
鍵設定仿
製起始點
位置

❸ 由此設定適
當的筆刷樣
式與尺寸，
不透明度設
為 100

❶ 切換到「圖
1.jpg」圖檔

3

❶ 將「圖1」
與「圖3」
兩張影像
重疊顯示

滑鼠在圖3❷
上塗抹,並
觀察影像來
源的複製位
置,使仿製
如圖的畫面
效果

4

點選「移動」❹
工具可以調整
影像的位置

將人像以外❸
的多餘區域
去除掉

❷ 設定筆刷
大小

❶ 點選「橡皮
擦工具」

5

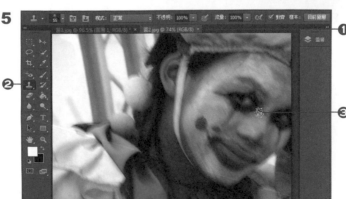

點選「仿製印章❷
工具」

❶ 切換到「圖2」

❸ 加按「Alt」鍵設
定眼睛處為仿製
起始點位置

6

❷ 透明度設
為 100

❶ 圖 3 新增
一空白圖
層

觀看圖 2 位
置，並於圖
3 處仿製出
如圖的眼睛
區域 ❷

7

❶ 依序降低
不透明度
的數值

塗抹眼睛 ❷
以外或更
外圍的臉
部區域

8

顯示完成的效果

是非題

1. (　　) 要判斷影像是否需要調整，可以透過色階分佈圖來了解。

2. (　　) 色階分佈圖若出現凹陷的形狀，表示影像的曝光正常。

3. (　　) 調整影像的明暗對比時，若將色階的亮部滑動鈕往左拖曳，就會增加影像的亮度。

4. (　　) 「影像 / 調整」功能中的「選取顏色」功能，和「取代顏色」功能完全相同。

5. (　　) 紅眼工具主要在消除因閃光燈直接照射眼睛所產生的紅眼現象。

6. (　　) 使用圖樣印章工具，也可以事先定義圖樣。

7. (　　) 要觀看色階分佈情況，可執行「視窗 / 色階分佈圖」指令來開啟「色階分佈圖」的浮動面板。

8. (　　) 若調整的結果不滿意，可加按「Alt」鍵，此時原來的「取消」鈕會變成「重設」鈕，按下該鈕即可重新設定。

9. (　　) 如果覺得影像的色彩飽和度不夠，可以使用「影像 / 調整 / 自然飽和度」指令來讓色彩更鮮明。

10. (　　) 使用仿製印章工具時，勾選「對齊」選項與否，會得到不同的仿製結果。

選擇題

1. (　　) 下列何者只針對影像的反差與明暗度作調整？

　　　A.「影像 / 調整 / 亮度 / 對比」功能

　　　B.「影像 / 調整 / 色彩平衡」功能

　　　C.「影像 / 調整 / 曲線」功能

　　　D.「影像 / 調整 / 色相 / 飽和度」功能

2. (　　) 下列何項功能，可以大範圍的修復影像缺失？

　　　A. 污點修復筆刷工具　　　　B. 修補工具

　　　C. 圖樣印章工具　　　　　　D. 仿製印章工具

3. (　　　) 使用「修復筆刷工具」工具，必須先按哪個按鍵來設定影像來源
錨點？

  A. Alt 鍵   B. Shift 鍵

  C. Ctrl 鍵   D. Tab 鍵

4. (　　　) 要將影像轉變成單一色調，做成黑白彩洗效果，可以選用下列哪
個功能？

  A. 影像 / 調整 / 亮度 / 對比   B. 影像 / 調整 / 色相 / 飽和度

  C. 影像 / 調整 / 色彩平衡   D. 影像 / 調整 / 曲線

實作練習題

1. 學習目標：使用仿製印章工具從相片去除物件

 練習說明：影像右側的人物被切掉了，請利用仿製印章工具將人物從畫面
中去除

 圖檔來源：習作 1.jpg

 完成檔案：習作 1ok.jpg

原影像

從相片中去除多餘人物

 步驟提示

 選定「仿製印章工具」，先按「Alt」鍵設定土黃色背景為仿製起始點，再開
始修補畫面。

2. 學習目標：以仿製印章工具合成影像

練習說明：請利用所提供的三張畫面，透過仿製起始點的設定，依序仿製花叢和水波，使完成合成的畫面。

圖檔來源：習作 2_1.jpg、習作 2_2.jpg、習作 2_3.jpg

完成檔案：習作 2ok.jpg

步驟提示

（1）選定仿製印章工具，選項上設定模式設為正常、不透明 100、不勾選對齊。

（2）開啟「習作 2_2.jpg」的影像檔，按「Alt」鍵於花叢上，先設定仿製起始點。

（3）回到大樹下「習作 2_1.jpg」，開始仿製花草，記得不要蓋過樹根（可將兩張圖並列，方便觀看複製的位置）。

（4）開啟「習作 2_3.jpg」的影像檔，按「Alt」鍵於水波上，先設定仿製起始點。

（5）回到大樹下「習作 2_1.jpg」，從大樹的左上角開始仿製水紋，越往右則降低不透明度，即可完成影像的合成。

05 數位影像的特殊處理 與美化

 **學習指引**

數位影像除了可以透過 Photoshop 的「影像 / 調整」功能，來顯現最佳的原始風貌外，透過 Photoshop 軟體的處理，也可以將它呈現特殊的效果，或是像藝術家所繪製的藝術作品一般。以往這些特殊效果都必須透過專業的攝影師在暗房中處理，或是經由藝術家的巧手才能表現出來，現在只要動動手指頭，各位也可以搖身變成一個經過多年修練的影像專家。這個章節中，我們就針對影像如何套用特殊色彩、如何強化影像效果、如何做出藝術畫等內容作說明。

5-1　影像套用特殊效果

❖ 5-1-1　去除飽和度

「影像 / 調整 / 去除飽和度」指令主要用來去除影像的彩度，它的效果就和黑白相片相同，看不到顏色。

原影像　　　　　　　　　去除飽和度後，將形成灰階形式

❖ 5-1-2　黑白轉換

利用「影像 / 調整 / 黑白」指令能輕鬆將彩色影像轉換成黑白影像。此功能主要是透過紅、黃、綠、青、藍、洋紅等色版的調整，來決定黑白圖片所要呈現的明暗對比，勾選下方的「色調」，可以透過色相的選擇，做出照相館所作的黑白彩洗效果。另外也可以嘗試以黑白預設集為基礎，建立並儲存自訂的預設集，以取得最佳的效果。

顯示黑白彩❷
洗的效果

❶勾選「色調」
並調整色相

❖ 5-1-3　負片效果

「影像 / 調整 / 負片效果」指令則是將影像做出如底片般的反相色彩。

原影像

負片效果

> **TIPS**
>
> 　　色彩模式的轉換：編輯數位影像時，通常都是在 RGB 的模式下才能使用各種特效，所以編輯完成的畫面，如果需要轉換成點陣圖、灰階、雙色調、索引色、CMYK 色彩…，或是多重色版，可以使用「影像 / 模式」指令做轉換。

❖ 5-1-4　均勻分配

「影像 / 調整 / 均勻分配」是將影像中最亮與最暗之間做平均值的轉換，轉換後，從色階分佈圖裡可以明顯看到色階的差異。

原影像

均勻分配色階

❖ 5-1-5 臨界值

「影像 / 調整 / 臨界值」是將影像轉換成黑與白，並形成高反差的效果，透過
臨界值的設定來決定黑與白的比例。

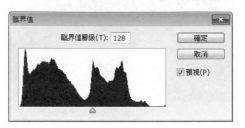

臨界值設定視窗

如上圖所示的跨橋景色，臨界值設的不一樣，呈現出來的高反差效果也不相同。

高反差色階為 92

高反差色階為 50

❖ 5-1-6 色調分離

「影像 / 調整 / 色調分離」會依據使用者所設定的色階數來合併相近的色調，
使產生特殊的色彩效果。如圖所示，色階數值設的不一樣，呈現出來的色彩效
果也不相同。

色階為 3   色階為 6

❖ 5-1-7 漸層對應

「影像 / 調整 / 漸層對應」是將漸層色調對應到目前影像的階調之中,而產生新的色彩效果。選用此功能時會看到如下的視窗,由對應的漸層下拉挑選喜歡的漸層圖示,就可以馬上看到加入漸層的效果。另外從 ⚙. 下拉,還提供更多的漸層類別可以選用。

如右下圖所示，選用藍、紅、黃的漸層對應，馬上就可以讓神像變成圖案式的
色彩效果。

原影像 加入藍、紅、黃的漸層對應

❖ 5-1-8 相片濾鏡

「影像 / 調整 / 相片濾鏡」可以透過各種色調的冷暖濾鏡，來改變影像的色彩
效果，選定濾鏡與色彩後，可由下方的滑動鈕來控制濃度。

先選定濾鏡， ❶
也可以由此可
以改變色彩

❸ 按此鈕確定

移動滑鈕控制 ❷
色彩濃度

5-2 影像效果的強化

❖ 5-2-1 色調調整工具 - 加亮、加深、海綿

Photoshop 的色調調整工具包括了加亮工具、加深工具、海綿工具三種。

圖示	工具名稱	說明
	加亮工具	可以設定在亮部、中間調或陰影處做局部影像的加亮處理。
	加深工具	可在亮部、中間調或陰影處做局部影像的變暗處理。
	海綿工具	用來增加或減少局部影像的飽和度。

選定工具後,先由「選項」調整適當的筆刷大小,設定要做色調調整的範圍或模式,就能直接在影像上塗抹修改了。

調整筆刷❷
選定工具❶
❸ 設定調整範圍或模式
❹ 開始修正影像

2

此處以加亮工具
加亮亮部範圍

此處使用海綿工
具增加飽和度

修正後，影像的
生鏽與斑駁更強
烈

❖ 5-2-2 修飾工具 - 模糊、銳利化、指尖

Photoshop 的修飾工具包括模糊工具、銳利化工具、指尖工具三種。

圖示	工具名稱	說明
	模糊工具	將局部影像的輪廓線條加以渲染，減少顏色的反差程度，而造成朦朧的感覺。
	銳利化工具	透過模式的選定及強度的設定，增加局部影像的反差程度，讓該區域變清晰。
	指尖工具	可做出像手指在油畫顏料未乾的畫布上塗抹的效果。

選定工具後，先由「選項」上調整筆刷樣式與大小，根據畫面需求，設定適合的模式，即可在影像上做局部的修飾。如下圖所示，透過銳利化工具的變亮、變暗模式來強化樹幹的明暗對比，模糊工具將左後方的花變得更深遠，而右上角的雜草則用指尖工具塗抹，修飾過後的影像，主題就更鮮明強眼。

1 設定筆刷大小 ❷

選定工具 ❶

❸ 選擇適當模式

❹ 開始修飾影像

模糊工具
銳利化工具
指尖工具

2 047OK.jpg @ 70% (RGB/8)

修飾後的主題更強眼，對比更鮮明

❖ 5-2-3 顏色取代工具

顏色取代工具 ✎ 主要還是透過筆刷和模式的設定，來將影像中的色彩更換成所指定的顏色。透過這項工具，要為人像更改膚色、刷入腮紅、眼影…等，都是易如反掌。

1

選定工具 ❶

選定皮膚顏色 ❸

❷ 設定筆刷大小
與模式

❹ 開始以滑鼠塗
抹男主角的右
側臉頰

瞧！男主角變
成雙面人

❖ 5-2-4 模糊影像背景

當拍攝的背景畫面太過清楚，以致於干擾到畫面中的主角時，除了使用「模糊工具」慢慢將局部影像的輪廓線條加以渲染外，還可以先透過選取工具先將背景選取起來，再利用「濾鏡／模糊／高斯模糊」指令調整模糊的強度就行了。特別注意的是選取背景時，記得要設定羽化值，這樣背景與主角的銜接才不會太僵硬。

原影像

背景模糊了就不會干擾主題

5-3　藝術繪圖表現

Photoshop 除了提供美術設計人員做影像色彩的編修與影像合成的處理外，藝術繪圖的表現也是易如反掌；除了因為它具有各式各樣的繪圖工具及筆刷樣式可以選擇外，重要的是修改很容易，再加上可以使用數位筆來取代滑鼠，能模擬出筆的壓力與輕重，因此讓設計師越來越愛它，於此處我們就來探討 Photoshop 在藝術繪圖方面的表現。

❖ 5-3-1　繪圖工具

要做出具有藝術效果的插畫設計，主要是使用繪圖工具，像是筆刷工具 和鉛筆工具 等，另外，還可以利用編修工具來輔助，像是仿製印章工具、圖樣印章工具、加亮工具、加深工具、海綿工具、模糊工具、銳利化工具、指尖工具、污點修復筆刷、修復筆刷工具、修補工具等的使用，只要善用這些工具，加上素描的明暗概念與配色技巧，就可以畫出不錯的作品。

❖ 5-3-2　筆刷筆觸設定

選用繪圖工具時，少不了要設定筆刷的大小與樣式。通常使用者都是由「選項」設定筆刷，筆刷的樣式與變化事實上可多著呢！執行「視窗 / 筆刷」指令，或是在選項上按下 鈕，將會顯示如右下圖的「筆刷」浮動面板，面板上除

了提供預設的筆刷樣式外，還可以再調整筆尖的形狀或各種的屬性。另外，
CS6 的版本中，「筆刷預設集」中還可以迅速存取新的侵蝕和噴槍筆尖；侵蝕
性鉛筆和粉蠟筆會隨著使用時間而自然磨損，而噴槍筆尖是以 **3D** 圓錐形噴灑
複製噴霧罐效果，如果使用手寫筆變更筆的壓力，就能改變噴灑的擴散程度。

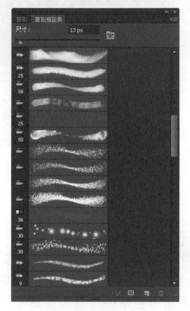

預設筆刷集　　　　　　　　　筆刷浮動面板

點選類別，可以個別調整該項細部屬性

勾選表示加入該項設定

CS6 的版本中，使用者在繪圖時，使用影像左上角會顯示即時的筆尖樣式，
可以讓使用者監控筆尖磨損程度。若是使用手寫筆繪圖時，則可利用傾斜度和
旋轉角度來改變筆尖形狀。

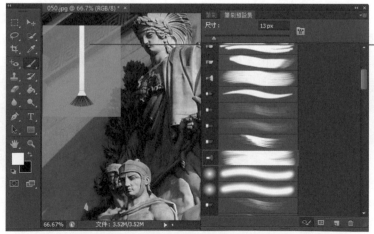

CS6 版本中，選用不同筆刷樣式時，影像左上角會即時顯示筆尖樣式

從「選項」上能直接選擇預設的筆刷樣式，也可以設定筆刷直徑與硬度，還能選擇不同資料庫的筆刷。現在我們試著來加入特殊效果的筆刷到 Photoshop 中。

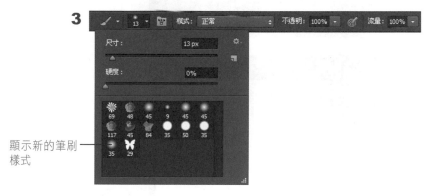

❖ 5-3-3 繪製藝術影像

要繪製具有藝術氣息的畫面，首先就是選用繪圖或編修工具，然後選擇喜歡的筆刷筆觸，就可以開始繪製。這兒我們以「仿製印章工具」為例，透過「自然筆刷」資料庫中的筆觸來繪製具有藝術氣息的影像。

1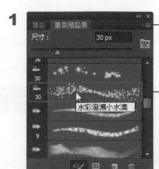

❶ 切換到「筆刷預設集」

水彩潑濺小水滴

❷ 選擇「水彩潑濺小水滴」的筆觸樣式

2

選用「仿製印章工具」❶

❷ 在原影像中加按「Alt」鍵設定仿製起始點

3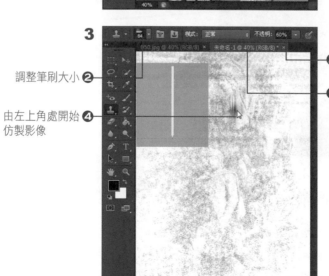

調整筆刷大小 ❷

由左上角處開始 ❹
仿製影像

❸ 設定較低的透明度

❶ 開啟一張與影像同大小的空白紙張

依序調整筆刷
大小及透明
度，繼續在紙
張上繪製，即
可完成具藝術
氣息的畫作

如果各位沒有受過素描的基礎訓練，利用「仿製印章工具」就能畫出如圖的藝術影像。如果受過美術訓練，那麼繪圖的空間就更加多樣。

❖ 5-3-4　步驟記錄筆刷與藝術步驟記錄筆刷

從事藝術繪圖表現時，除了使用繪圖工具來處理畫面外，還可以嘗試利用「步驟記錄筆刷工具」來將繪製過的部份做局部或全部的還原，使產生特殊的繪圖效果。不過在使用此工具時，必須配合「步驟記錄」浮動面板來「新增快照」，以便記錄不同時段所設計的畫面效果。

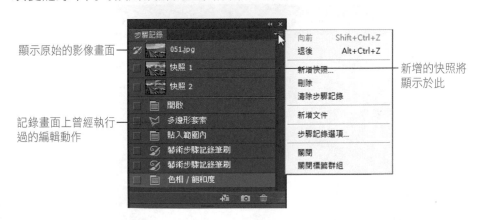

顯示原始的影像畫面

新增的快照將
顯示於此

記錄畫面上曾經執行
過的編輯動作

上面所顯示的是「步驟記錄」浮動面板,上方用來顯示目前所編輯的影像縮圖,或是所快照下來的畫面;下方則是記錄執行過的所有指令動作,因此要復原影像畫面,從這兒就能做多個指令的回復。

當各位在編輯畫面時,只要做到滿意的畫面效果,可以執行「新增快照」指令將它快照下來,快照功能提供「全文件」、「合併圖層」、「目前圖層」三種方式,因此您可以依據需求決定從哪種方式快照畫面。而所快照下來的畫面就能利用「步驟記錄筆刷工具」來加以編修,或是利用「藝術步驟記錄筆刷」來加入不同的藝術筆觸。

以下我們以如下的兩張畫面作介紹,讓各位體會一下「步驟記錄筆刷工具」的使用方法。

1

❶ 開啟「051.
jpg」圖檔

以「多邊形❷
套所工具」
概略選取如
圖的影像區
域，然後執
行「編輯/
拷貝」指令

2

❶ 切換到「052.
jpg」的畫面，
執行「編輯/
貼上」指令，
將前面的影
像貼入

執行「編輯❷
/變形/縮
放」指令，
將橋放大
些，然後
以「移動工
具」，將影
像移到如圖
的位置

3

由浮動面板右
上角下拉選擇
「新增快照」
指令

4

選擇從「全文件」❶
新增快照

❷ 按下「確定」鈕

5

確定浮動面 ❸
板上的此圖
示是設定在
「052.jpg」
的位置上

❷ 筆刷大小設
為「3」， 樣
式為「緊短」

❶ 點選「藝術
步驟記錄筆
刷工具」

6

塗抹影像中 ❶
段區域，可
將背景中的
狗兒，樹林
及小屋以藝
術筆刷的方
式顯示出來

❷ 不滿意的地
方，可由浮
動面板回到
上一個步驟
或多個步驟

7

改選「步驟記 ❶
錄筆刷工具」

❷ 確定浮動面
板上的此圖
示 設定在
「快照 1」
的位置上

❸ 塗抹湖面與小屋的交接
處，讓房子顯示完整身形

8

畫面完成了 —

5-4　範例實作──以「影像 / 調整」功能美化影像

完成畫面

學習目標

這個範例主要練習使用「影像 / 調整」功能來合成畫面。一方面修飾原先人像上過暗的色彩，同時將另外不相干的照片運用「臨界值」和「漸層對應」的功能設定所需的背景色調。

來源檔案

步驟說明

首先我們來決定背景影像的色調，請開啟「圖 1.jpg」圖檔。

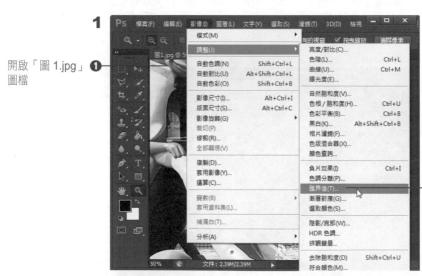

開啟「圖 1.jpg」❶
圖檔

❷ 執行「影像 / 調整
/ 臨界值」指令

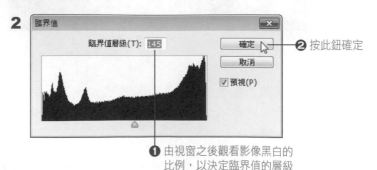

❷ 按此鈕確定

❶ 由視窗之後觀看影像黑白的
比例，以決定臨界值的層級

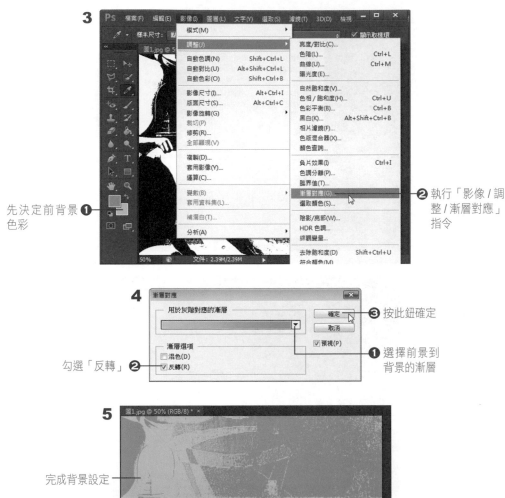

背景確定後,接著我們要來將影像的最亮與最暗點作平均處理,使人像看起來較明亮些。請各位開啟「圖2.jpg」圖檔。

1

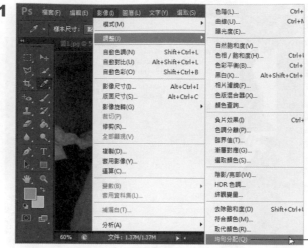

執行「影像 / 調整 / 均勻分配」指令

2

❷ 羽化值設為 30

點選「套索工具」❶

❸ 概略選取人像的區域範圍

3

❶ 將兩張圖並排

❷ 點選「移動工具」,將選取區域拖曳到「圖 1」的編輯視窗中

4

執行「編輯 / 變形 / 縮放」指令，調整影像的位置與大小，確定位置後，按下「Enter」鍵確定

5

顯示完成的畫面效果

是非題

1. （　　　） 編輯數位影像時，可以在 CMYK 的模式下使用各種特效。

2. （　　　）「影像 / 調整 / 去除飽和度」指令做出來的效果與黑白相片相同。

3. （　　　）「影像 / 調整 / 臨界值」指令是將影像轉換成黑與白，並形成高反差的效果。

4. （　　　）「影像 / 調整 / 色調分離」會依據使用者所設定的色階數來合併相近的色調，使產生特殊的色彩效果。

5. （　　　） 加深工具主要用來增加或減少局部影像的飽和度。

6. （　　　） Photoshop 的色調調整工具包括加亮、加深、海綿三種。

7. （　　　） 需要特殊的筆觸時，也可以自行定義筆刷樣式。

8. （　　　） 筆刷浮動面板除了提供預設的筆刷樣式外，還可以調整筆尖的形狀或各種的屬性。

選擇題

1. （　　　） 下面哪個功能指令，可以做出黑白彩洗的效果？

　　　　A.「影像 / 調整 / 均勻分配」指令

　　　　B.「影像 / 調整 / 負片效果」指令

　　　　C.「影像 / 調整 / 去除飽和度」指令

　　　　D.「影像 / 調整 / 黑白」指令

2. （　　　） 下面哪個工具可作出像手指在油畫顏料未乾的畫布上塗抹的效果？

　　　　A. 海綿工具　　　　　　　　B. 銳利化工具

　　　　C. 指尖工具　　　　　　　　D. 模糊工具

3. （　　　） 在新增快照時，Photoshop 可以從哪方面來進行快照？

　　　　A. 全文件　　　　　　　　　B. 合併圖層

　　　　C. 目前圖層　　　　　　　　D. 以上皆可

4. (　　　) 下列何者不是屬於色調調整工具？

    A. 模糊　　　　　　　　B. 加亮

    C. 加深　　　　　　　　D. 海綿

實作練習題

1. 學習目標：影像的色調分離處理

練習說明：請將「習作 1.jpg」的影像，利用「色調分離」功能，作出如圖的完成效果

完成結果：習作 1ok.jpg

              來源影　　　　　　　　　　　　　　　　　　　完成結果

步驟提示：

（1）執行「影像 / 調整 / 色調分離」指令，將色階設為「3」，即可完成。

2. 學習目標：黑白上彩與影像變形

練習說明：請將背景的草地做黑白處理，燈架以「顏色取代工具」填上綠色，同時將人像貼入燈罩之中。

圖檔來源：習作 2_1.jpg、習作 2_2.jpg

完成結果：習作 2ok.jpg

步驟提示：

（1）開啟「習作 2_1.jpg」圖檔，執行「影像 / 調整 / 去除飽和度」指令，將影像轉成黑白效果。

（2）使用以「多邊形套索工具」與「磁性套索工具」，透過選項的設定，作選取區的增減，以便將燈架選取起來。

（3）使用「顏色取代工具」，前景色設為螢光綠，選項上將模式設為「顏色」，並調整筆刷大小，然後填滿選取區，使燈架變成綠色。

（4）全選「習作 2_2.jpg」人像，先執行「編輯 / 拷貝」指令，使複製影像。

（5）切換回「習作 2_1.jpg」圖檔，執行「編輯 / 貼上」指令，將影像貼入。

（6）執行「編輯 / 變形 / 扭曲」指令，將四角對準燈面四週，按滑鼠兩下表示完成。

06 常用的選取工具

要用繪圖軟體來做設計，首先要先指定區域範圍，然後再執行軟體所提供的功能特效，這樣才能依照創意或想法完成畫面效果。因此，要讓電腦知道哪些範圍需要做效果，就必須先學會如何使用選取工具來將區域圈選出來。

Photoshop CS6

6-1 選取工具使用技巧

❖ 6-1-1 選取區的增減

一般常用的選取工具包括矩形選取畫面工具 ▣ 、橢圓選取畫面工具 ◯ 、套索工具 ◯ 、多邊形套索工具 ◪ 、磁性套索工具 ◪ 、魔術棒工具 ✦ ，以及快速選取工具 ◪ 。預設狀態都是提供新增選取區域，不過，可以配合「選項」列來作增加、減去或相交設定，甚至做柔化處理，讓需要做效果的區域可以達到設計者的要求。

不管任何選取工具，使用者都可以相互運用，只要將它設在「增加」、「減少」或「相交」模式，就可以將它組成新的選取區域。

增加至選取範圍

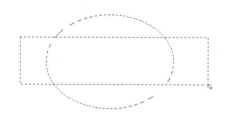

先選取圓形，再以「增加」模式加入長方形

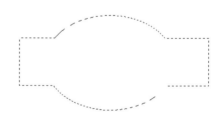

有選取的區域都被加入進來

從選取範圍中剪去

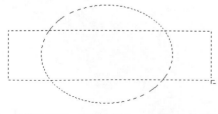

先選取圓形，再以「減少」模式加入長方形

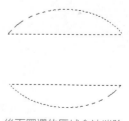

後面圈選的區域會被消除

與選取範圍相交

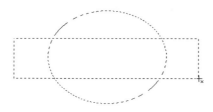 

先選取圓形，再以「相交」模式加入長方形　　　　兩個圖形都被選到的部份才會保留下來

除了「魔術棒工具」之外，選取工具都可以做「羽化」設定。「羽化」是做影像合成時最常用的一個手法，配合複製與貼上的指令，兩張影像就可以很自然地接合在一起，而不會覺得奇怪。如下圖所示，各位可以比較看看不同柔邊所產生的效果。

羽化值 0　　　　　　　　羽化值 20　　　　　　　　羽化值 50

❖ 6-1-2　選取工具的「調整邊緣」功能

選取工具的「選項」還有 調整邊緣... 鈕，按下此鈕將進入如下視窗，可以設定選取邊緣的對比、平滑、羽化、或縮減 / 擴張的程度。

預視方式的選擇

縮減或擴張選取區的邊緣

移除選取區邊緣的鋸齒狀
以模糊來柔化選取區的邊緣

可讓柔邊尖銳，並移除選取區邊緣的模糊不自然感

按下「視圖」後方的三角形按鈕，可以選擇如下的各種預視方式，方便使用者
預先感受選取區將來所呈現的效果。

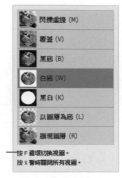

也可以按「F」
鍵切換視圖

按 F 循環切換視圖。
按 X 暫時關閉所有視圖。

「調整邊緣」還提供了「調整半徑工具」與「擦除調整工具」，可以針對以選
取的區域再做局部的修正，使選取區的柔邊效果更能符合設計師的要求。

至頁面上 ❸
塗抹，可
針對已選
取的的橢
圓選取區
做造型方
面的修整

❶ 按此鈕

❷ 選擇「調整
半徑工具」

6-2　基本形狀選取工具

❖ 6-2-1　矩形選取畫面工具

「矩形選取畫面工具」 可選取長方形或正方形，配合選項所提供的樣式，
可做精確選取。

正常

直接拖曳滑鼠可選取長方形,而加按「Shift」鍵可選取正方形。

固定比例

根據需求輸入寬度與高度的比值,這樣在畫面上所拖曳出來的區域,就會以此
比例作縮放。

固定尺寸

能精確的選取到所固定的寬度與高度。

❖ 6-2-2 橢圓選取畫面工具

「橢圓選取工具」 的用法與矩形選取工具完全相同,可以選取圓形或橢圓
型的區域範圍,不過它多了「消除鋸齒」的選項。

勾選「消除鋸齒」可以讓選取邊緣與背景做完美的融合,所以通常在設計版面
時,大都會勾選它;但如果要製作去背景的插圖時,建議將此項取消,這樣在
儲存檔案後,才不會在影像邊緣殘留下白色的殘影。

取消「消除鋸齒」的勾選

勾選「消除鋸齒」選項

6-3　不規則形狀選取工具

❖ 6-3-1　套索工具

要使用「套索工具」，必須按著滑鼠不放，並沿著影像的邊緣描繪，直到原點處才放開滑鼠；如果中途放開滑鼠，就代表選取動作已經結束。由於使用套索工具不易做精確的選取，通常都會配合羽化的功能，或是運用在不需要特別在意影像輪廓線的影像上。

原影像　　　　　　　　　　　　　配合羽化值設定，即使未做精確的輪廓描繪，也能產生不錯的效果

❖ 6-3-2　多邊形套索工具

「多邊形套索工具」是以滑鼠逐一點選的方式來圈選範圍，所按下的每一個點會以直線的方式連接，因此適合作星星、窗戶、大樓..等幾何造型的圈選。

❖ 6-3-3 磁性套索工具

「磁性套索工具」 是許多人愛用的選取工具，因為它就像吸鐵一樣，藉由色彩之間的反差，而快速找到輪廓線的位置。因此在按下左鍵開始描繪輪廓時，它會自動依附在輪廓線上，如果因色彩關係偏離輪廓，才需要按下左鍵為它確定，接著依序順著輪廓線移動滑鼠，直到起點處按下左鍵表示結束。

1

❷ 唯有磁性套索工具偏離輪廓線時，再按一下滑鼠左鍵確定

❶ 按左鍵先設定起始點

2

依序沿著輪廓線建立圈選範圍，完成時，輪廓線若有不精確的地方，可再利用增加、減少等模式加以調修正

❖ 6-3-4 魔術棒工具

當背景或主體的色調較單純或接近時，利用「魔術棒工具」 ![icon] 作選取是最快速不過。例如要選取如圖的建築物，透過魔術棒工具與其容許度的設定來快速選取背景，再將選取區反轉即可。

將魔術棒工具的容許度設在 40，馬上就能將背景快速選取

在選項設定方面，可以控制如下的設定：

設定色彩取樣的範圍　　　　　　　　　　　從複合影像中取樣顏色

| ![icon] ▼ | □ ᴄ ʰ □ | 樣本尺寸：點狀樣本 ⬍ | 容許度：40 | ☑消除鋸齒 | ☑連續的 | □取樣全部圖層 | 調整邊緣… |

點狀樣本
3 x 3 平均像素
5 x 5 平均像素
11 x 11 平均像素
31 x 31 平均像素
51 x 51 平均像素
101 x 101 平均像素

只取樣連續的像素

容許度方面，數值設得越高，選取的範圍就會越大。如果未勾選「連續的」，則選取背景時，建築物中若有來色調的區域也會一併被選取。若選取的部分牽涉到圖層，可勾選「取樣全部圖層」的選項。

❖ 6-3-5 快速選取工具

「快速選取工具」 ![icon] 能在彈指間快速選取範圍，使用者只要在影像上畫出大致的範圍，就能瞬間完成範圍的選取。

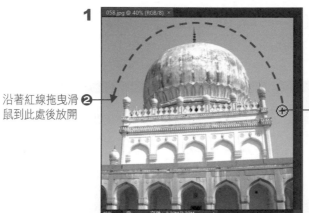

1

沿著紅線拖曳滑
鼠到此處後放開 ❷

❶ 點選「快速選取工具」後，
由此點按下滑鼠左鍵不放

2

天空輕鬆被選
取了

TIPS

　　選取單線條：在 Photoshop 中，也可以選取水平或垂直的單線條，利
用「水平單線選取畫面工具」，或「垂直單線選取畫面工具」，配合「增
加」模式可做出如圖的線條效果。

6-4 範例實作 - 以選取工具固定影像尺寸

完成畫面

學習目標

這個範例主要練習特定尺寸的範圍選取，方便海報上影像物件的統一編排與美感。我們將固定影像尺寸存為 200 x 200，同時以「調整邊緣」功能加入羽化效果，再將選取範圍一一貼入背景圖中。

來源檔案

步驟說明

1

點選「矩形選取畫面工具」❶

❹ 按此鈕設定羽化效果

❷ 由此下拉選擇「固定尺寸」，寬高設為 200px

❸ 到影像上設定要保留的區域範圍

2

由視窗後面可以馬上看到羽化的效果是否恰當

❶ 由此設定羽化值

❷ 按此鈕確定

3

❶ 點選「移動工具」

❷ 將選取區域拖曳到「bg.jpg」的圖檔中

4

顯示插入的影像效果

5

同上面的步驟，依序將「圖 2」與「圖 3」選取後，以拖曳方式編排到「bg.jpg」中

6

點選「移動工具」❷

選取此三個圖層 ❶

❹ 按此鈕設定均分水平居中

❸ 按此鈕設定垂直置中對齊

7

顯示完成的畫面效果

是非題

1. (   ) 不管哪一個選取工具,都可以相互運用,透過「增加」、「減少」或「相交」模式,來組成新的選取區域。

2. (   ) 羽化值設得越大,影像的邊緣就越模糊,易於和其他影像作合成處理。

3. (   ) 套索工具適合做星星、大樓、窗戶等幾何造型的圈選。

4. (   ) 快速選取工具是在影像上畫出大致的範圍,就能瞬間完成範圍的選取。

5. (   ) 橢圓形工具的選項列上也可以設定選取區的羽化數值。

選擇題

1. (   ) 下列哪一樣說明,不是矩形選取工作可以做到的?

       A. 可以設定消除鋸齒   B. 可以固定特定的比例

       C. 可以固定特定的尺寸   D. 可以選取正方形

2. (   ) 下面哪個工具會像吸鐵一樣,自行找到影像的輪廓線?

       A. 多邊形套索工具   B. 套索工具

       C. 磁性套索工具   D. 魔術棒工具

3. (   ) 要選取正方形的選取區域,必須加按哪個快速鍵?

       A. Shift 鍵   B. Alt 鍵

       C. Ctrl 鍵   D. Tab 鍵

4. (   ) 下面哪個按鈕,可以增加選取區的範圍?

       A. ▣   B. ▣

       C. ▣   D. ▣

實作練習題

1. 學習目標:固定影像外觀比例

    練習說明:拍攝的數位相片有瑕疵,右側多了一個人像很礙眼,如何在裁切畫面之後,仍然可以完美地拿到沖印店去沖洗 **4*6** 的照片

條件要求：請利用矩形選取畫面工具及「影像 / 裁切」指令來完成要求

圖檔來源：習作 1.jpg

完成檔案：習作 1ok.jpg

原影像   修正後的畫面

步驟提示

（1）選用「矩形選取畫面工具」，將樣式設定在「固定比例」，寬與高設為
6、4，至頁面上拖曳出範圍。

（2）執行「影像 / 裁切」指令剪裁畫面，然後加以存檔。

2. 學習目標：特定尺寸的裁切

練習說明：請使用「矩形選取畫面工具」及「影像 / 裁切」指令，將圖中
的三位青年裁切下來。

條件要求：請固定人像的尺寸為 360*360 像素。

圖檔來源：習作 2.jpg

完成檔案：習作 2_1ok.jpg、習作 2_2ok.jpg、習作 2_3ok.jpg

步驟提示

（1）開啟影像檔「習作 2.jpg」，選用「矩形選取畫面工具」，樣式設定在「固定尺寸」，輸入尺寸為 360 像素，至頁面上按一下，使設定選取區域。

（2）執行「影像 / 裁切」指令使剪裁畫面，執行「檔案 / 另存新檔」指令，輸入檔名並儲存檔案。

（3）同前面步驟，依序完成其他兩個人像的裁切。

NOTE

07 編輯選取範圍

 **學習指引**

在影像選取時,除了以前面章節所介紹的工具作選取外,「選取」功能表也提供基礎的選取與編輯選取指令。例如:「選取/全部」用以全選整張影像、「選取/反轉」會將選取區與未選取區顛倒過來、而「選取/取消選取」是取消選取狀態,這些都是經常會用到的指令。而本章將針對一些進階的編輯選取區指令做介紹,以便輔助各位做選取,另外,選取範圍後,可做什麼樣的處理,也是本章要跟各位探討的重點之一。

7-1　選取範圍的調整

❖ 7-1-1　選取顏色範圍

「選取 / 顏色範圍」是以顏色當作選取的依據，如果選取的色彩散落在各個角落，不妨以此功能來作選取。當使用者執行該指令進入對話視窗後，先由下方的「選取範圍預視」下拉選擇預視的色彩，再到預視窗中按下滑鼠決定想要選取的顏色區域，然後拖曳「朦朧」的滑鈕觀看所顯示的效果，滿意效果再按「確定」鈕離開。

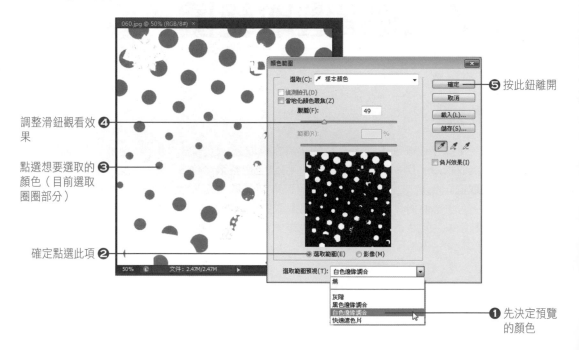

CS6 的版本中，在皮膚色調的範圍選取和臉孔的偵測上做了增強，現在我們看看如何輕鬆地為皮膚色調做偵測和隔離。

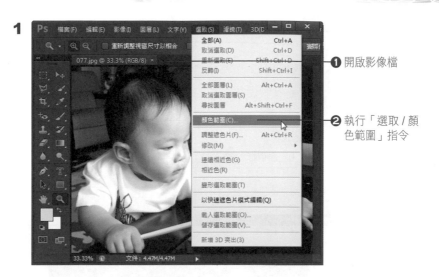

1

❶ 開啟影像檔

❷ 執行「選取 / 顏色範圍」指令

2

勾選此❸二項

點選「選❷取範圍」

❶ 選取範圍的預設設為「白色邊緣調合」

3

至預視窗❷中點選皮膚部分，可使膚色曾加至樣本中

❷ 按此鈕

從影像中取樣顏色，或使用預先定義的顏色範圍

4

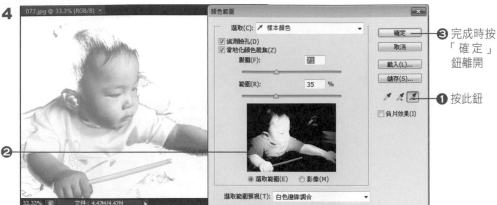

至預視窗 **②**
中點選背
景部分，
可使背景
從樣本中
剔除

③ 完成時按
「 確 定 」
鈕離開

① 按此鈕

5

顯示被選取的
人像區域範圍

在選取人相區域範圍後，利用「拷貝」及「貼上」指令，貼入其他底圖上，就
回形成如下的視覺效果。

TIPS

選取連續相近色或相近色：在選取影像時，除了以「選取 / 顏色範圍」
指令來控制被選取色彩的區域外，若以魔術棒工具先做選取，還可以配合「選
取 / 連續相近色」指令來選取同一影像中的相近色彩，或以「選取 / 相近色」
指令來選取畫面中所有的相近色彩。

以魔術棒工具 ❶
點選黃色區域

❷ 執行「選取 / 相近色」
指令會擴大至所有的
黃色區域

❖ 7-1-2 調整選取範圍邊緣

「選取 / 調整邊緣」指令和各位在「選項」中使用的 `調整邊緣 ...` 功能完全相同，
因此只要利用套索工具 ◯ 大略地圈選影像輪廓，利用此功能就能快速做出唯
美效果，各位不妨多加利用，不但省時且效果又好。

調整此滑鈕，馬
上就看到選取邊
緣的羽化效果

❖ 7-1-3 修改選取範圍

「選取 / 修改」指令中包括邊界、平滑、擴張、縮減、與羽化等選項，可供各位修改選取區。

邊界

想要強調畫中的主角，或是要做線框效果的文字，可在選取範圍後，利用「選取 / 修改 / 邊界」指令來達到。

利用「選取 / 修改 / 邊界」指令進入此視窗，設定邊界寬度 ❷

❸ 按下「確定」鈕

❶ 以選取工具選定範圍

以「編輯 / 填滿」指令將框線填入土黃色

平滑

平滑功能會將選取的區域修正為較圓滑且彎曲的形式。

以水平文字遮色片
工具所輸入文字

將平滑的取樣強度
設為 20 後，文字
的尖角都不見了

擴張

「擴張」用來擴張選取的區域，尤其是在圈選插圖時，如果因影像邊緣有使用
羽化效果而無法完美圈選影像，就可以考慮利用此指令來作調整。以左下圖為
例，當各位使用魔術棒工具來選取背景時，您會發現選取框與影像之間仍存有
白色的間隙，利用「選取 / 修改 / 擴張」指令將擴張值設為「3」，這圈選框就
會落在影像範圍之內，屆時執行「修改 / 反轉」指令反選取影像，就算影像要
貼入深色背景中，也不會有明顯的白色殘像出現。

以魔術棒選取時，選取框未落在影像之
上

以「擴張」指令做修改，再做反轉，就能
完美取得影像

縮減

縮減的用法與「擴張」雷同，以上圖為例，在使用魔術棒工具圈選背景後，先
執行「反轉」使改選影像，再執行「縮減」指令，一樣可以得到相同的結果。

羽化

此功能和選取影像前，由「選項」中預先設定「羽化」值是相同的，它可以使
選取的邊緣產生柔化的效果。

❖ 7-1-4　儲存與載入選取範圍

好不容易所選取到的範圍，有可能會重複運用，這時候就可以考慮透過「選取
/儲存選取範圍」指令將它儲存起來。儲存後需再度使用時，就執行「選取/
載入選取範圍」指令將它載入。

❶ 先圈選範圍

❸ 按此鈕確定
離開

執行「選取 / ❷
儲存選取範
圍」指令進入
此視窗,輸入
名稱

儲存選取範圍後,它會在「色版」中顯示所增設的圖形,有關色版的運用,我們將在第 12 章為您做介紹。

 TIPS

　　進階選取區的儲存與載入:同一份檔案中,允許儲存多個選取範圍,當您載入第二個選取範圍時,就可以由下圖的視窗中選擇加入、減去、或相交的方式。

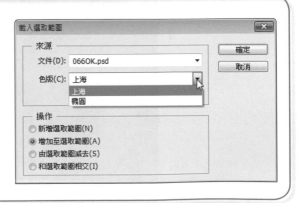

7-2　選取範圍的編輯

前面學了那麼多的影像選取技巧，目的就是將影像複製或移動到我們期望的位置上，因此這個小節就要來看看有關這方面的功能指令。

❖ 7-2-1　移動工具

選取好範圍，想要移動選取區的位置，一定要選用「移動工具」 ，一般來說，選取區被移開後，原來的位置會以設定的背景色填入。

移開選取的影像，原區域將會顯現背景色

❖ 7-2-2　拷貝與貼上

影像被選取後，通常我們會執行「編輯 / 拷貝」指令先將它拷貝到剪貼簿中，然後開啟要編輯的版面，再執行「編輯 / 貼上」指令將它貼入。如果想將拷貝物貼入特定的選取區裡，則請使用「編輯 / 貼入範圍內」的指令。

先以選取工具選取影像，然後執行「編輯 / 拷貝」指令

2

以選取工具設
定要貼入的區
域範圍

3

執行「編輯 /
選擇性貼上 /
貼入範圍內」
將顯現如圖

❖ 7-2-3　清除選取區

在選定範圍後，如果想要清除影像，使用「編輯 / 清除」指令就能做到，建議
在清除前先設定背景色，因為清除之後，該區域會填入背景色彩。

1

先設定藍色背景 ❶

❷ 以選取工具選
取背景部分

執行「編輯 / 清
除」指令，背景
就會顯示藍色

❖ 7-2-4 圖形變形扭曲

所選取的圖形範圍如果需要作變形處理，諸如：縮放、旋轉、傾斜、扭曲、透視…等，可以利用「編輯 / 變形」或「編輯 / 任意變形」來處理。比較特別的是「編輯 / 變形 / 彎曲」功能，利用這項功能可以輕易將影像作彎曲變形，所以要做出瓶罐上的貼圖，或是旗幟飄揚等效果，都是易如反掌。

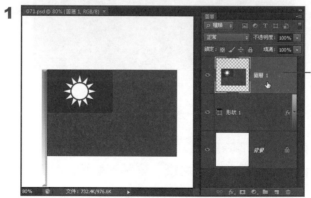

點選國旗所在
的圖層

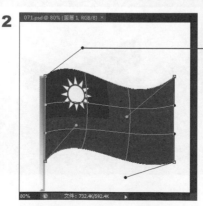

執行「編輯 / 變形 /
彎曲」指令，直接點
選控制點，並調整
旗幟的彎曲方式，
完成時按「Enter」
鍵確定變形結果

同樣地,瓶罐上的貼圖只要透過「選項」中的「拱形」,也可以快速完成。

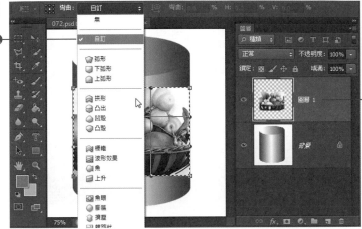

執行「編輯/變形/彎曲」指令,然後由「選項」選擇「拱形」變形方式

❶點選標籤所在的圖層

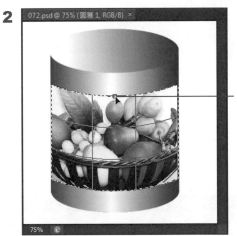

調整此點的弧度,使與瓶罐相吻合,調整完畢,按「Enter」鍵確定變形結果

❖ 7-2-5 裁切選取區

想要將選取的範圍保留下來,其餘的部份加以刪除,可以使用「影像/裁切」指令來剪裁選取區。

❶ 先以選取工
具選定範圍

執行「影像 / 裁 ❷
切」指令就可以
剪裁畫面

7-3 選取範圍的上彩

各位在選取範圍後，或是選定顏色後，接下來就可以利用各種工具，將期望的
顏色填入指定的位置。選定好區域範圍，透過油漆桶、筆刷、鉛筆、漸層等工
具，指定的顏色就可以填滿指定的範圍。

❖ 7-3-1 以油漆桶工具填滿色彩

使用油漆桶工具 可以快速將特定的顏色填滿整個畫面或選取區。

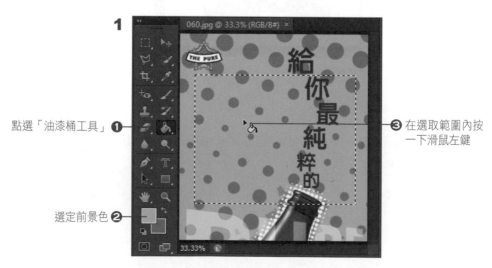

1

點選「油漆桶工具」❶

選定前景色 ❷

❸ 在選取範圍內按
一下滑鼠左鍵

2

該區填滿指定的色彩

❖ 7-3-2 以漸層工具填滿漸層色彩

想在畫面上加入漸層色彩，必須選用「漸層工具」 才做得到。選項上提供
如圖的五個按鈕，讓各位做出不同樣式的漸層變化。

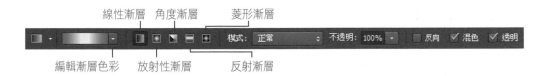

線性漸層　角度漸層　　菱形漸層

編輯漸層色彩　放射性漸層　反射漸層

當您選用某一漸層樣式後，首先要決定漸層起始點的位置，只要在起始點位置
按下滑鼠不放，然後拖曳到漸層結束點上放開滑鼠，這樣就可以填滿漸層色
彩。要注意的是，選擇同一種漸層樣式，設定的起始點與結束點位置不同時，
出來的效果也完全不同，如下圖所示：

如果想要編輯漸層色彩，由選項上按下 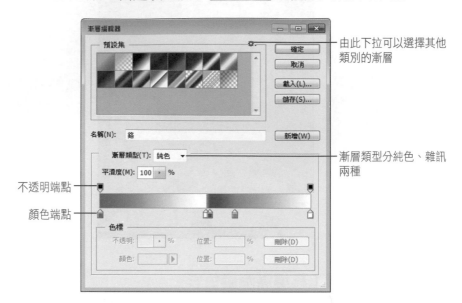 就能進入漸層編輯器。

由此下拉可以選擇其他
類別的漸層

漸層類型分純色、雜訊
兩種

不透明端點

顏色端點

以「純色」漸層類型來說，長條色帶上方的「不透明端點」用來控制漸層的不
透明度，而下方的「顏色端點」則是控制漸層的顏色。各位可以在長條色帶的
上方或下方按下左鍵，使增設不透明端點或顏色端點，屆時就可以在「色標」
欄位中設定比例、顏色、或位置。

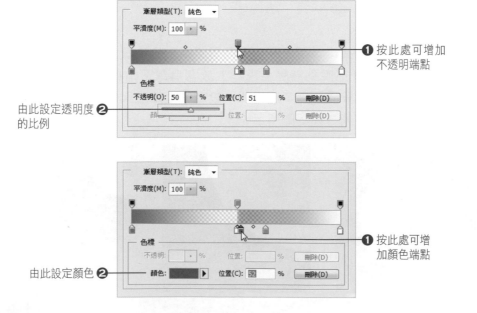

❶ 按此處可增加
不透明端點

由此設定透明度 ❷
的比例

❶ 按此處可增
加顏色端點

由此設定顏色 ❷

❖ 7-3-3 以「編輯/填滿」指令填滿色彩或圖樣

如果各位執行「編輯/填滿」指令,可以將指定的色彩或圖樣填滿選取區域,甚至透過各種混合模式或透明度設定來與底色圖案做結合。

由此指定前、背景色、特定顏色、黑、白、灰階、或圖樣

設定填滿的色彩是否包含透明變化

由此設定與底圖的混合模式

了解「填滿」指令所包含的選項設定後,以下以實例為各位說明,如何將圖樣填滿選取區。

1 074.jpg @ 33.3% (RGB/8)

使用選取工具,先將牆壁選取起來

2

內容使用「圖樣」,並由「自 ❷ 訂圖樣」挑選圖樣縮圖

設定透明度比例 ❹
這是 CS 6 版增強的功能

❶ 執行「編輯/填滿」指令,使進入此圖

❺ 下拉選擇「新增工作區」

❸ 設定混合模式為「覆蓋」

牆壁的色調被更換了

在 CS6 的版本中「填滿」功能中還增加了「程序圖樣」的功能，指令碼中包含了磚紋填色、交叉織物、隨機填色、螺旋形、對稱填色等指令碼，將這些指令碼與「自訂圖樣」和混合模式結合使用，便可以建立複雜的設計圖案，各位可以試用看看。

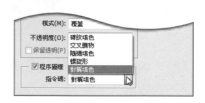

❖ 7-3-4 以「編輯/筆畫」指令填滿色彩

有時候因畫面需求，只希望將選取的框線填入色彩，諸如：文字的外框線或是做強調效果時，可利用「編輯/筆畫」指令來處理。於其選項中可以指定筆畫的粗細、色彩、位置、透明度、以及與底圖混合的模式。若能配合選取時的羽化值設定，變化就更多了。

❸ 由選項設定適合的字體大小

選用「水平文字遮色片工具」❶

❷ 輸入所需的文字內容

2

執行「編輯/
筆畫」指令進
入此視窗

❶

❸ 按「確定」鈕離開

❷ 設定筆畫的寬
度、顏色、位置及
混合模式

3

選取的區域以筆
畫的方式呈現

❖ 7-3-5 以鉛筆及筆刷工具繪製筆觸

想要在頁面上畫出任意的線條或筆觸，可以從工具中選用鉛筆工具 及筆刷
工具 。透過選項設定適合的筆刷樣式與大小，另外還能選用各式各樣的筆
刷類型，保證輕鬆畫出漂亮的線條與圖案。

1

❸ 由「筆刷」下拉
選擇「特殊效果
筆刷」

❶ 開啟檔案

由工具選用「筆
刷工具」，並設
定前景顏色 ❷

2

按下「確定」鈕表示取代現有的筆刷,按「加入」鈕會增加在原筆刷樣式之後

3

選定要使用的特殊筆刷樣式 ❶

❷ 至頁面隨性地移動滑鼠,就可以畫出不錯的的圖案

7-4 範例實作 - 問候卡片設計

完成畫面

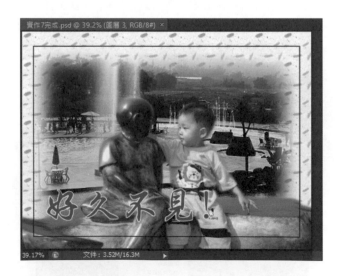

學習目標

這個範例主要以下面兩張影像,利用選取工具選取影像,善用羽化值讓影像邊緣變柔和,同時利用「填滿」與「筆畫」功能來完成背景圖案、邊線及文字的設定。

來源檔案

步驟說明

首先我們將人像做去背處理,並將人像與背景圖整合在一起。

1 調整選取範圍邊緣

2 按此鈕設定羽化效果

使用各種選取工具,利用選項上作增加或減少,使選取整個影像 **1**

2

設定期望的 ❶
羽化效果

❷ 按此鈕確定

3

❶ 將兩張影像
並列，同時
選用「移動
工具」

❷ 將已選取的
影像拖曳到
「背景」的圖
檔中

4

按滑鼠兩 ❶
下於「背
景」圖層
的縮圖

❷ 按此鈕確
定，使背景
圖層轉為一
般圖層

5

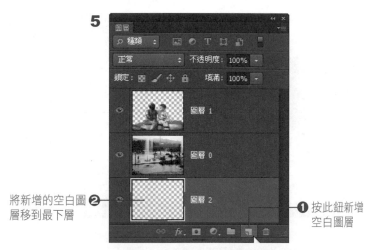

將新增的空白圖❷
層移到最下層

❶ 按此鈕新增
空白圖層

6

執行「編輯/填❶
滿」指令進入此
視窗

❹ 按此鈕確定,使圖樣填滿最
底層

❷ 下拉選擇「圖樣」

❸ 先加入「彩色紙張」的類別,
下拉選擇「葉子圖案紙」,混
合模式設為「正常」,不透明
度「100」

7

點選「矩形❷
選取工具」

選取如圖的❹
區域範圍,
此時選取區
已包含羽化
效果

❸ 由此先調整
羽化值

❶ 點選此圖層

8

執行「選取 / 反轉」指令,使選取外圍區域,按「Delete」鍵
使之刪除,即可露出底層的葉子圖案

9

點選「矩形❷
選取工具」

選取如圖的 ❹
區域範圍

❸ 羽化值設
圍 0

❶ 按此鈕新
增空白圖
層,並置
於最上層

10

設定筆畫寬度為 3 ❷

按此鈕設定顏色 ❸
為黑色

❶ 執行「編輯 / 筆畫」
指令進入此視窗

❺ 按此鈕

❹ 設定位置及
混合模式

11

完成影像的合成

主要畫面完成後，接著就是加入文字，這裡示範以「水平文字遮色片工具」輸入文字，再依序填滿和筆畫文字。

1

❶ 點選此圖層

點選「水平 ❷
文字遮色片
工具」

設定背景顏 ❹
色後，執行
「編輯/填
滿」指令，
使進入下圖
視窗

❸ 輸入「好久
不見！」等
字，並設定
適當的字體

2

選擇「背景色」❶

❹ 按此鈕確定

不透明度為 100 ❸

❷ 混合模式設
為「正常」

3

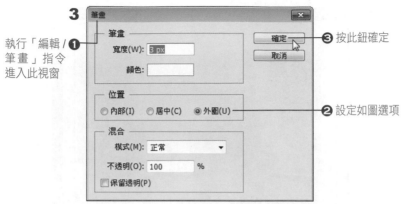

執行「編輯 / **❶**
筆畫」指令
進入此視窗

❸ 按此鈕確定

❷ 設定如圖選項

4

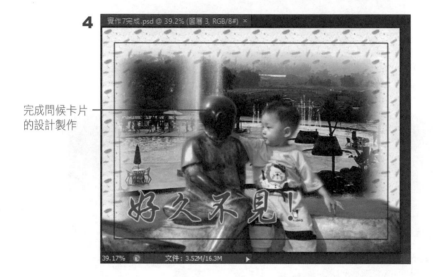

完成問候卡片
的設計製作

是非題

1. (　　) 在「選取」功能表的指令中,「選取 / 顏色範圍」是以顏色當作選取的依據。

2. (　　) 同一份檔案中,無法同時儲存多個選取範圍。

3. (　　)「選項」中設定「羽化」值,其效果是與「選取 / 修改 / 羽化」指令完全相同。

4. (　　) 油漆桶工具可將指定的顏色填滿指定的範圍。

5. (　　) 漸層工具可作放射性漸層或菱形漸層的效果。

6. (　　) 使用「編輯 / 清除」指令時,清除之後的區域會填入前景色彩。

7. (　　) 使用漸層工具時,無法作出透明效果的漸層變化。

8. (　　) 以「編輯 / 填滿」指令可以填滿色彩或圖樣。

選擇題

1. (　　) 下面何者是「選取 / 修改」指令中所不提供的選項?

    A. 邊界　　　　　　　　B. 擴張

    C. 縮減　　　　　　　　D. 拉長

2. (　　) 想要強調畫中的主角,或是要做線框效果的文字,可在選取範圍後,利用哪個功能指令來達到?

    A.「選取 / 修改 / 邊界」　　B.「選取 / 修改 / 擴張」

    C.「選取 / 修改 / 縮減」　　D.「選取 / 修改 / 羽化」

3. (　　) 要做出瓶罐上的貼圖,或是旗幟飄揚等效果,可以選用下列哪個指令?

    A.「編輯 / 任意變形」　　B.「編輯 / 變形 / 彎曲」

    C.「編輯 / 變形扭曲」　　D. 以上皆可

實作題

1. 學習目標：小海報製作

   練習說明：以拷貝、貼上與清除手法結合影像

   圖檔來源：習作 1_1.jpg、習作 1_2.jpg

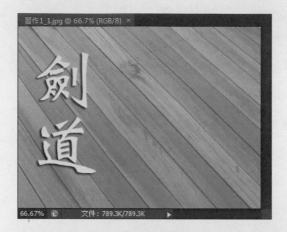 

   完成結果：習作 1ok.psd

   步驟提示

   （1）將背景色設為指定的色彩 - 橙色 R：253、G：124、B：10。

   （2）選用「橢圓選取畫面工具」，選項樣式設為「固定尺寸」，並輸入
      300*300 像素、柔化值為「5」。

（3）以「編輯 / 清除」指令清除圓形區域，以「選取 / 取消選取」指令去除選取狀態。

（4）開啟「習作 1_2.jpg」圖檔，先選取背景部份。

（5）以「選取 / 修改 / 擴張」指令擴張 2 像素。

（6）以「選取 / 反轉」改選影像，執行「編輯 / 拷貝」指令。

（7）至「習作 1_1.jpg」檔案中執行「編輯 / 貼上」指令。

2. 學習目標：設定與加入放射性漸層效果

練習說明：請將下圖的影像，填入所指定的透明變化與漸層顏色

漸層要求：

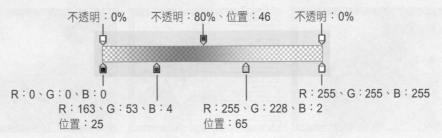

圖檔來源：習作 2.jpg

完成檔案：習作 2ok.jpg

來源檔案

完成檔案

步驟說明

（1）選定「漸層工具」，選項上設定為「放射性漸層」。

（2）進入漸層編輯器，根據要求設定指定的漸層色彩、位置、與不透明值。

（3）選項上的不透明度設為「50」，由鎖的中間往左下角做漸層效果。

3. 學習目標：卡片設計

練習說明：利用「羽化」功能來快速選取影像，並善用羽化值讓影像邊緣變柔和

圖檔來源：習作 3_1.jpg、習作 3_2.jpg、習作 3_3.jpg

完成檔案：習作 3ok.jpg

步驟說明

（1）開啟「習作 3_2.jpg」圖檔，設定其羽化值為 10，大略選取花朵部份，選取範圍後，執行「編輯 / 拷貝」指令。

（2）開啟「習作 3_1.jpg」圖檔，執行「編輯／貼上」指令，將它貼入地球之中。

（3）點選「移動工具」，將貼上的影像調整到右側適切的位置。

（4）依序開啟「習作 3_3.jpg」圖檔，選取要使用的影像區域範圍，執行「編輯／拷貝」指令，再執行「編輯／貼上」指令，將它貼入地球之中，並以「移動工具」調整其位置。

（5）點選「矩形選取畫面工具」，至頁面上拖曳出矩形框，執行「選取／反轉」指令，使選取外圍，再執行「編輯／填滿」指令，填入白色，就可以得到卡片的白色外框。

NOTE

08 文字的處理技巧

美術設計時除了要有吸引人的影像與構圖外，文字也佔有舉足輕重的地位，如果文字處理不恰當，不但無法吸引觀賞者的目光，也無法有效的傳達訊息。因此我們要針對 Photoshop 的文字工具來好好做研究。

Photoshop CS6

8-1　文字的建立與設定

Photoshop 的文字工具共有四個：水平文字工具 、垂直文字工具 、水平文字遮色片工具 、垂直文字遮色片工具 。透過這四種工具，各位可以做到以下幾種變化：

- 使用文字工具可輸入橫排或直排的標題或內文
- 透過遮色片工具可做出與底層影像相結合的特殊文字
- 利用字元浮動視窗可以調整文字格式，而段落浮動視窗可以做文章段落的調整

對於初學者來說，最常使用的還是水平文字工具與垂直文字工具，因為它會自動轉換成文字圖層，建立後要變換格式、修改尺寸、或替換文字都非常的容易，若再結合圖層的各項功能，文字效果就更豐富。至於水平文字遮色片工具與垂直文字遮色片工具所建立的文字將轉變成選取區，必須將選取區做儲存或載入，才能靈活運用。

❖ 8-1-1　建立文字圖層

選用水平文字工具與垂直文字工具所建立的文字，都算是文字圖層，建立文字圖層的方式有兩種：

建立標題文字

選取文字工具，至頁面上直接按下滑鼠左鍵，就可以輸入標題文字。它會自動建立一個文字圖層，並以 圖示表示。

這是文字輸入點

此符號表示文字圖層

建立段落文字

選取文字工具後，至頁面上按下左鍵並拖曳出文字框，將可控制段落的最大寬度，文字輸入到右側邊界時，會自動排列到下一行。

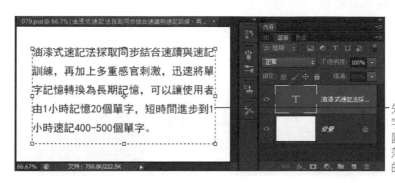

先拖曳出文字框的範圍，可決定段落文字放置的最大空間

❖ 8-1-2　更改字元格式

輸入的標題文字如果需要更換字型、大小、色彩、對齊方式，可直接透過選項做選擇；如果要設定文字樣式、間距、垂直縮放、水平縮放⋯等，則必須執行「視窗 / 字元」指令，開啟字元浮動視窗做調整。

選項設定

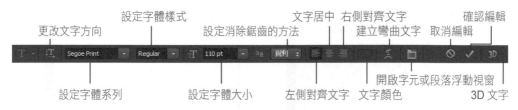

字元浮動視窗

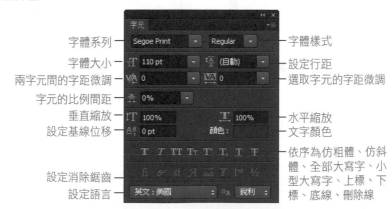

若要更改字元格式，必須先將要修改的文字選取起來，再從選項或字元浮動視窗中設定屬性，這樣才能執行更換的動作。另外，各位也可以點選單一字元，做個別的文字格式設定。當文字編輯完畢，只要在選項右側按下  鈕以確認目前的編輯，或是直接點選其它的工具，就可以離開編輯的模式。

❖ 8-1-3　調整文字間距與行距

要讓說明文字易於閱讀，文字的間距與行距可得要注意，太過擁擠的字距讀起來傷眼力，太過鬆散的字距則讀起來不順暢。另外，行距通常要比字距來的大些，否則要橫式閱讀或直式閱讀會讓人搞不清楚。如下圖所示，左下圖的行距與間距看起來相同，閱讀者容易會錯意，若以 🔳 調整文字間距，以 🔳 加大行距，就不會有讀錯的時候了。

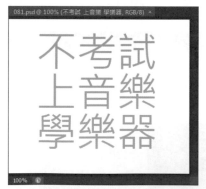

文字橫讀或直讀會讓人搞不清楚

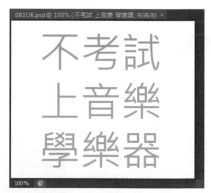

加大行距可以判讀直式或橫式

❖ 8-1-4　水平 / 垂直縮放文字

在預設的狀態下，文字都是顯示方正的效果，而利用「垂直縮放」🔳 鈕和「水平縮放」🔳 鈕將文字做些許的拉長或壓扁有助於文章段落的閱讀。

油漆式速記法採取同步結合速讀與速記訓練，再加上多重感官刺激，迅速將單字記憶轉換為長期記憶。	油漆式速記法採取同步結合速讀與速記訓練，再加上多重感官刺激，迅速將單字記憶轉換為長期記憶。	油漆式速記法採取同步結合速讀與速記訓練，再加上多重感官刺激，迅速將單字記憶轉換為長期記憶。
預設為方正的文	橫式閱讀時，將文字壓扁有助於閱讀	直式閱讀可將文字拉長

❖ 8-1-5　轉換文字方向

不管輸入的文字為直式或橫式，如果想將現有的文字轉換書寫方向，只要在選項上按下「更改文字方向」 鈕，就能更換方向。

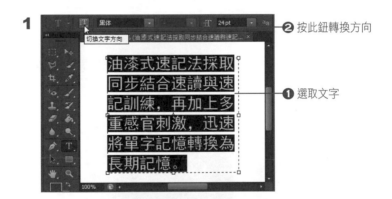

1 ❷ 按此鈕轉換方向

❶ 選取文字

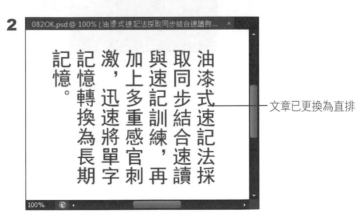

2 文章已更換為直排

❖ 8-1-6　文字彎曲變形

設計文字造型時，利用「建立彎曲文字」 🔲 鈕可設定各種樣式的彎曲文字，諸如：弧形、拱形、突出、波形效果、膨脹、擠壓、螺旋…等，都可以快速做到。

下拉可選
擇各種彎
曲形式

設定彎曲
或扭曲的
程度

❖ 8-1-7　設定段落格式

當您在頁面上建立了段落文字，若要設定段落格式，則必須執行「視窗 / 段落」指令，開啟段落浮動面板來設定。

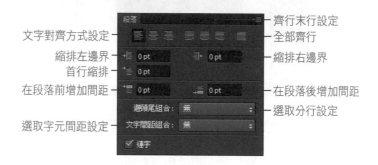

文字對齊方式設定　齊行末行設定
　　　　　　　　　全部齊行
縮排左邊界　縮排右邊界
首行縮排
在段落前增加間距　在段落後增加間距
　　　　　　　　　選取分行設定
選取字元間距設定

如果要讓段落分明，可以透過首行縮排功能，或是在段落的前後增加間距，都能讓內容更分明、更易閱讀。

❖ 8-1-8　段落樣式與字元樣式設定

CS6 版本中，Photoshop 也可以和文書處理軟體一樣，利用段落樣式和字元樣式來編輯文字，透過這樣的功能，就可以加快多媒體設計或網頁設計中的文字處理。請各位由「視窗」功能表中執行「段落樣式」和「字元樣式」指令，就可以看到此二面板。

原則上，和內文與段落標題有關的樣式，就使用「新增段落樣式」來設定，而針對段落中特定的文字樣式，則使用「新增字元樣式」來處理。現在我們就以實例為各位示範增設段落或字元樣式的方式。

新增段落樣式

首先我們新增「內文」和「標題」的段落樣式。

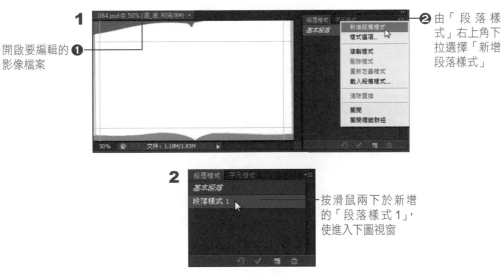

開啟要編輯的 ❶
影像檔案

❷ 由「段落樣式」右上角下拉選擇「新增段落樣式」

2

按滑鼠兩下於新增的「段落樣式 1」，使進入下圖視窗

3

輸入樣式名 ❶
稱為「內文」

❸ 按此鈕確定

❷ 在「基本字元格式」中設定藍色的 12 級字體，行距為 14 的細明體

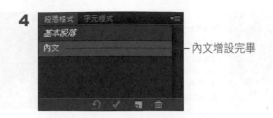

內文增設完畢

接下來請自行增設「標題」的段落樣式,設定內容如下所示:

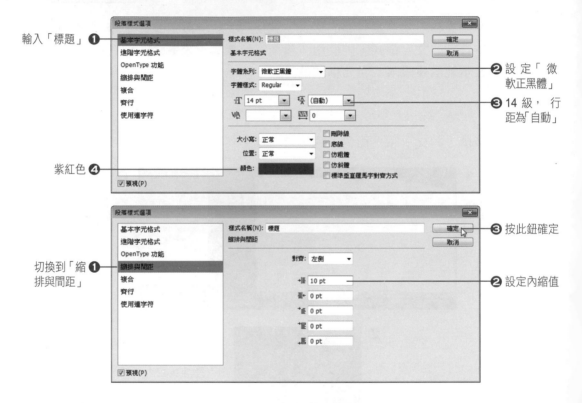

輸入「標題」 ❶

❷ 設定「微軟正黑體」

❸ 14 級, 行距為「自動」

紫紅色 ❹

切換到「縮排與間距」 ❶

❸ 按此鈕確定

❷ 設定內縮值

新增字元樣式

完成段落樣式後,接著我們來看看字元樣式的新增方式。

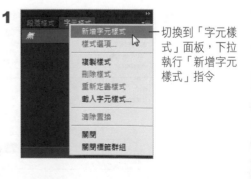

切換到「字元樣式」面板,下拉執行「新增字元樣式」指令

2

按滑鼠兩下於新增的「字元樣式 1」，使進入下圖視窗

3

❸ 按此鈕確定

❶ 輸入名稱

設定字體樣式、色彩 ❷

4

顯示剛剛加入 ❶ 的字元樣式

❷ 完成時，請切換回「 無 」，以免加入的文字會套用到此樣式

套用樣式

當基本的樣式都設定好後，現在就準備來套用樣式。

1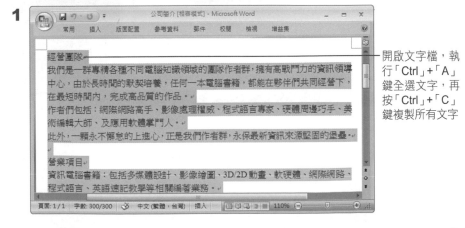

開啟文字檔，執行「Ctrl」+「A」鍵全選文字，再按「Ctrl」+「C」鍵複製所有文字

2

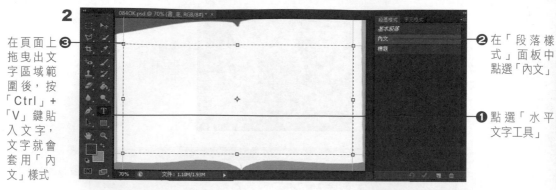

在頁面上❸拖曳出文字區域範圍後，按「Ctrl」+「V」鍵貼入文字，文字就會套用「內文」樣式

❷在「段落樣式」面板中點選「內文」

❶點選「水平文字工具」

3

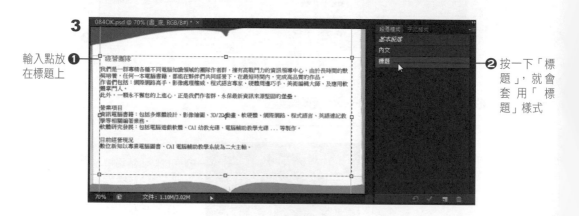

輸入點放❶在標題上

❷按一下「標題」，就會套用「標題」樣式

4

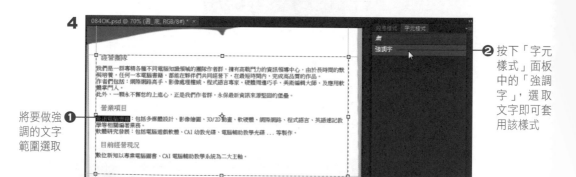

將要做強調的文字範圍選取❶

❷按下「字元樣式」面板中的「強調字」，選取文字即可套用該樣式

設定完成後，由「選項」上按下  鈕，即可完成該文字圖層的設定。

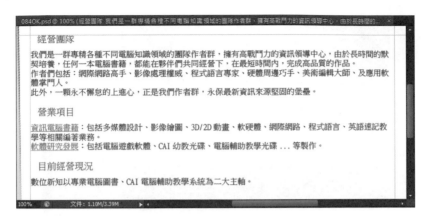

TIPS

載入段落樣式 / 字元樣式：如果其他影像檔已經有設定好的段落樣式或字元樣式，可以直接從面板右上角下拉選擇「載入段落樣式」或「載入字元樣式」指令，這樣就可以加快編輯的速度。

8-2　樣式與效果處理

❖ 8-2-1　套用文字樣式

在 Photoshop 裡，也有各種精美的文字樣式可以提供使用者套用。請執行「視窗 / 樣式」指令開啟樣式浮動視窗，裡面有影像效果、抽象樣式、按鈕、文字效果…等類別的樣式可供挑選，只要將該類別加入或取代原有的樣式，再按滑鼠於縮圖上使之套用，這樣就可以輕鬆地取得各種樣式的文字效果。

由此下拉，還提供各種類別的樣式可以選用

接著我們試著加入文字效果的樣式，讓文字產生朦朧的雲霧效果。

1 由「圖層」面板選定文字圖層 ❶

❷ 由「樣式」面板右側下拉

❸ 選擇「文字效果」

2 按「確定」鈕會取代原先樣式，按「加入」鈕會在原樣式之後加入樣式

3 按一下喜歡的縮圖樣式，就可輕鬆套用

❖ 8-2-2 將文字放到路徑上

所設計的文字也可以讓它順著路徑行走喔，只要先指定路徑，再選用文字工具，將滑鼠指標移到路徑上，就能順著路徑輸入文字。

1

選擇「筆型 ① 工具」

- 筆型工具　　　　P
- 創意筆工具　　　P
- 增加錨點工具
- 刪除錨點工具
- 轉換錨點工具

❷ 選項上選擇「路徑」

❸ 在頁面上繪製一路徑

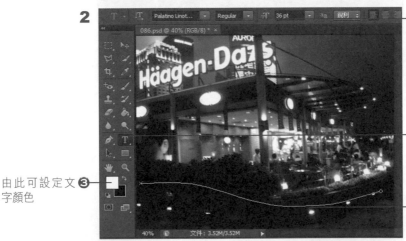

2

由此可設定文 ❸ 字顏色

❷ 選項上設定字體顏色、大小、及對齊方式

❶ 改選「水平文字工具」

❹ 在路徑的中點按下滑鼠左鍵

3

I have to wait for my friend.

完成文字輸入時，切換到其他圖層，即可完成設定

如果需要修改路徑的弧度或位置，只要使用「直接選取工具」 ▶ 做調整就行了。當然囉！若想在矩形、圓形、或多邊形的圖形外加入文字，只要選定相關的圖案工具繪製路徑，也可以加入如下圖的封閉造形。

❖ 8-2-3 影像填滿文字

在處理標題字時，除了選擇以顏色填滿文字外，也可以將指定的影像填入文字之中。只要將選定的影像拖曳到文字圖層的上方，再執行「圖層 / 建立剪裁遮色片」指令，就一切搞定。

開啟如圖照片，執行「選取 / 全部」指令，使全選整張影像，然後執行「編輯 / 拷貝」指令

2

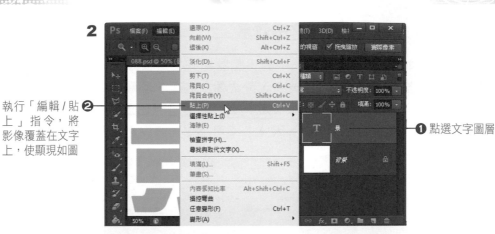

執行「編輯 / 貼上」指令，將影像覆蓋在文字上，使顯現如圖 ❷

❶ 點選文字圖層

3

使用「移動工具」拖曳影像，還可以調整影像的位置 ❶

❷ 下拉執行「圖層 / 建立剪裁遮色片」指令

4

影像已跑到文字之中

❖ **8-2-4 以圖層樣式加入文字效果**

設計標題文字時，「圖層」功能表中的「圖層樣式」是很好用的一項功能，因為不管要製作陰影、內陰影、內光暈、外光暈、斜角、浮雕、筆畫、漸層…等效果的文字，只要修改相關的選項設定，結果馬上呈現在面前。由於它省去許多繁複的過程，而且效果好又快，因此您不可不學。其操作視窗如下：

勾選表示套用該效果

藍色表示點選該項，
可設定相關屬性

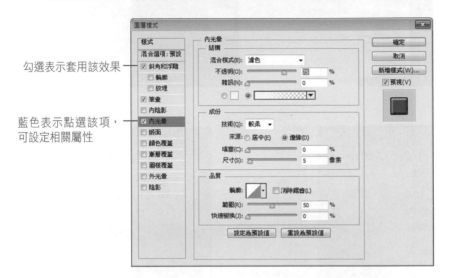

文字圖層可以同時套用多種圖層樣式，所以勾選某種樣式後，請切換到該樣式上，每個樣式都有不同的屬性及選項設定，試著調整各項數　，就可以馬上產生不同的效果。如下範例，平淡無奇的單色文字，透過「圖層樣式」功能，就可以輕鬆變化出多種的效果。

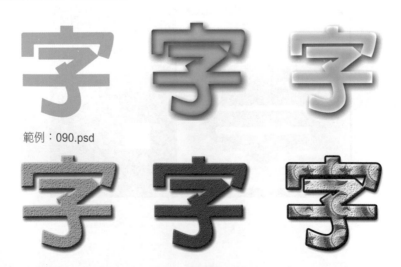

範例：090.psd

❖ 8-2-5 以文字遮色片建立半透明文字

想將文字溶於圖像之中,並產生一種半透明的文字效果,只要使用「文字遮色片工具」,搭配「影像 / 調整」功能,也能輕鬆做出來。

1

❶ 開啟影像檔

❷ 選用「垂直文字遮色片工具」

2

❸ 選擇適當的字型、大小與格式

❶ 在頁面上按一下會自動產生紅色遮罩

輸入所要的文字內容 ❷

3

點選此工具可離開 ❶ 遮罩狀態

拖曳文字還可調整 ❷ 文字放置的位置

❸ 執行「圖層 / 新增調整圖層 / 亮度 / 對比」指令,使進入下圖視窗

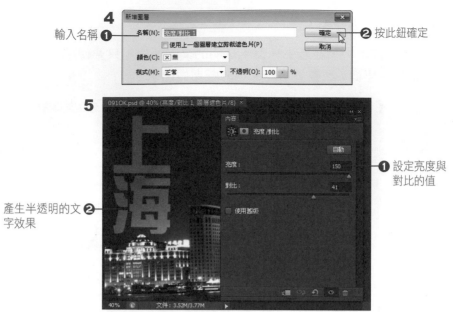

4 輸入名稱 ❶ ── ❷ 按此鈕確定

5 產生半透明的文 ❷ 字效果

❶ 設定亮度與 對比的值

❖ 8-2-6 3D 文字

從 CS5 的版本開始，Photoshop 中也可以加入 3D 的創作和編輯，所以要將文字轉變成 3D 也是輕而易舉的事，只要執行「文字 / 突出為 3D」指令，即可在視窗中旋轉文字的角度。

1 執行「文字 / 突出為 3D」指令 ❸

❶ 開啟檔案

❷ 點選文字圖層

2 按下「是」鈕

學習目標

這個範例主要使用文字工具和圖層樣式來設計標題文字,同時使用筆型工具和
圖層樣式來製作彎曲排列的文字。

來源檔案

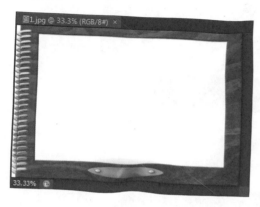

步驟說明

首先我們將兩張影像先整合在一起,使完成底圖的製作

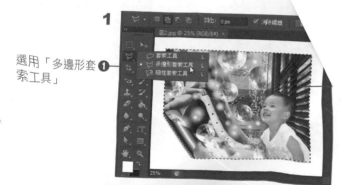

選用「多邊形套❶
索工具」

❶ 點⋯

❷ 將選取⋯
曳到「圖1⋯
區中⋯

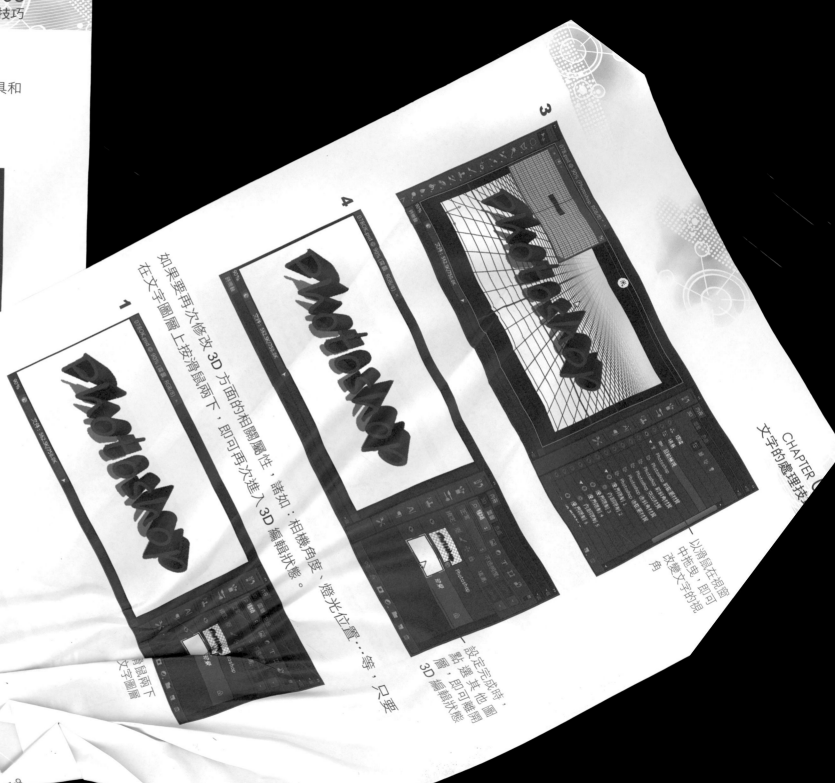

如果要再次修改 3D 方面的相關屬性,請如:相機角度、燈光位置⋯等,只要
在文字圖層上按滑鼠兩下,即可再次進入 3D 編輯狀態。

設定完成時,圖
層,即可離開
3D 編輯狀態。

以滑鼠在視窗
中拖曳,即可
改變文字的視
角

3

執行「編輯 / 變形 / 縮放」指令，將圖形縮放成如圖的大小，完成後按「Enter」鍵確定位置

接下來我們先利用「文字工具」與「圖層樣式」功能來設定「童年」的標題文字效果。再透過「拷貝圖層樣式」的指令，將圖層樣式貼入「往事」的標題之中。

1

❸ 由此設定字形與顏色

❷ 在頁面上輸入「童年」二字

點選「垂直文字工具」
水平文字工具
垂直文字工具
水平文字遮色片工具
垂直文字遮色片工具

2

❷ 點選「往事」的文字圖層

❶ 依序以「垂直文字工具」加入「往事」二字

Photoshop CS6
影像設計應用集

2

3

8-3 範例實作－相簿封面設計

完成畫面

❶ 點選「無限光 1」

❷ 至頁面上拖曳可以調整燈光位置

❸ 切換到其它圖層，即可完成編輯

3

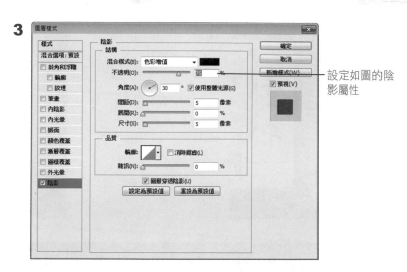

設定如圖的陰
影屬性

4

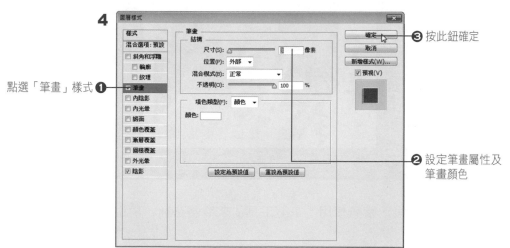

③ 按此鈕確定

點選「筆畫」樣式 ①

② 設定筆畫屬性及
筆畫顏色

5

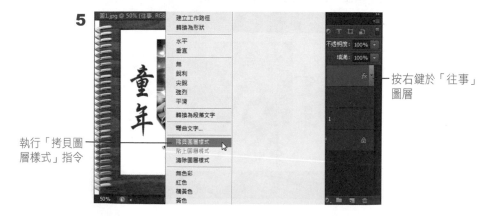

執行「拷貝圖
層樣式」指令

按右鍵於「往事」
圖層

執行「貼上圖層 ❷
樣式」指令

完成標題文字的設定

完成標題字設定後,接著使用「筆型工具」來繪製路徑,再由路徑
的文字內容。

點選「筆型工具」❶

❷繪

3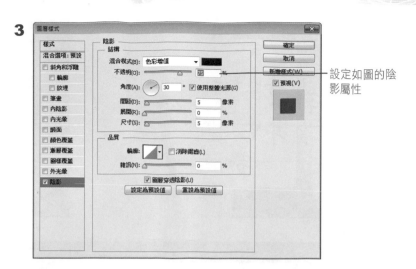

設定如圖的陰
影屬性

4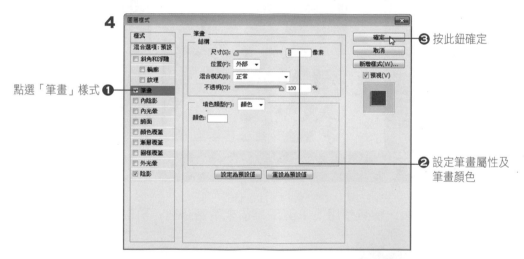

點選「筆畫」樣式 ❶

❸ 按此鈕確定

❷ 設定筆畫屬性及
筆畫顏色

5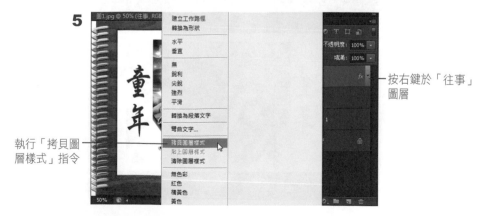

執行「拷貝圖
層樣式」指令

按右鍵於「往事」
圖層

6

① 按右鍵於「童年」
　圖層

執行「貼上圖層 ②
樣式」指令

7

完成標題文字的設定

完成標題字設定後，接著使用「筆型工具」來繪製路徑，再由路徑中輸入所要
的文字內容。

1

② 繪製如圖的曲線

點選「筆型工具」①

3

以滑鼠在視窗
中拖曳,即可
改變文字的視
角

4

設定完成時,
點 選 其 他 圖
層,即可離開
3D 編輯狀態

如果要再次修改 **3D** 方面的相關屬性,諸如:相機角度、燈光位置…等,只要
在文字圖層上按滑鼠兩下,即可再次進入 **3D** 編輯狀態。

1

按滑鼠兩下
於文字圖層

2

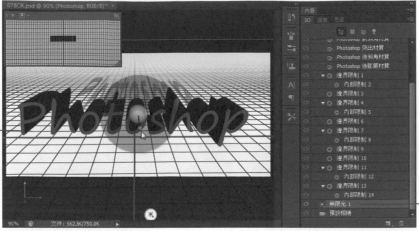

至頁面上 ❷
拖曳可以
調整燈光
位置

❶ 點選「無
限光 1」

3

切換到其它
圖層，即可
完成編輯

8-3　範例實作 - 相簿封面設計

完成畫面

是非題

1. (　　) 使用水平文字工具與垂直文字工具,它會自動轉換成文字圖層。

2. (　　) 圖層上若出現 圖示,表示此圖層為文字圖層。

3. (　　) 使用文字工具可輸入橫排或直排的標題或內文。

4. (　　) 先輸入文字,再指定路徑,就可以將文字放到路徑上。

5. (　　) 使用垂直文字遮色片工具所建立的文字將轉變成選取區。

6. (　　) 選取文字工具後,若按下左鍵並拖曳出區域範圍,則可建立段落文字。

7. (　　) 字元浮動視窗可以調整文章的段落格式。

8. (　　) 透過遮色片工具可做出與底層影像相結合的特殊文字

9. (　　) Photoshop 也可以和一般文書軟體一樣設定段落樣式或字元樣式。

選擇題

1. (　　) 下面哪個按鈕是用來調整文字間距?

　　A. VA 　　　　　　　　B. ᴬ↕

　　C. ↓T 　　　　　　　　D. ↕T

2. (　　) 下面哪個功能可以做出浮雕的文字效果?

　　A. 建立剪裁遮色片　　　　B. 視窗 / 樣式

　　C. 圖層樣式　　　　　　　D. 圖層 / 文字樣式

3. (　　) 對於文字工具的說明,哪個是有錯的?

　　A. 使用水平文字工具所建立的文字,可以任意修改文字格式

　　B. 使用水平文字遮色片工具所建立的文字,必須將選取區做儲存或載入,才能靈活運用

　　C. 執行「視窗 / 字元」指令,可以更換字型、大小、色彩、對齊方式

　　D. 要建立彎曲文字必須利用變形工具

實作練習題

1. 學習目標：建立文字圖層與文字格式設定

   練習說明：請利用水平文字工具與垂直文字工具，完成下圖所指定的文字編排與格式設定

   關懷心：文鼎特黑、72 點、水平縮放 130%、字元字距 80

   內文：文鼎粗魏碑、24 點、行距 30 點

   圖檔來源：習作 1.jpg

   完成檔案：習作 1ok.psd

   步驟說明

   （1）選用「垂直文字工具」輸入標題文字「關懷心」，再從字元浮動視窗設定指定的格式。

   （2）選用「水平文字工具」輸入文字內容，透過選項及字元浮動視窗做設定。

2. 學習目標：文字沿著路徑走

   練習說明：利用「筆型工具」的使用，讓文字內容可以依照畫面的需求，沿著小孩的輪廓行走

   圖檔來源：習作 2.jpg

完成結果：習作 2ok.jpg

步驟說明

（1）選用「筆型工具」，選項設定為「路徑」。

（2）沿著小孩的輪廓繪製路徑，於結束點處按滑鼠兩下表示結束。

（3）改選「水平文字工具」，在路徑上按一下，開始輸入文字內容，選項上可以調整字體樣式與大小。

（4）按一下文字路徑以外的區域，即可顯示完整畫面。

3. 學習目標：文字沿牆壁變形

練習說明：使用「建立彎曲文字」功能，透過「凹殼」的樣式，讓管狀的文字能夠沿牆壁變形，同時套用「網頁樣式」類別中的「黃色迴紋針」的樣式

圖檔來源：習作 3.jpg

完成結果：習作 3ok.jpg

步驟說明

（1）開啟影像檔「習作 3.jpg」，點選「水平文字工具」。

（2）輸入標題文字「享受光與影的夢幻組合」，由選項上設定適當的字體
與大小。

（3）按下「建立彎曲文字」鈕，下拉選擇「凹殼」樣式，彎曲度設為
「20%」，點選「垂直」。

（4）將彎曲文字移到適切的位置，執行「視窗 / 樣式」指令開啟浮動面
板，下拉選擇「網頁樣式」，套用「黃色迴紋針」的縮圖樣式，這樣
文字就能沿著牆壁方向顯示。

09 向量繪圖設計

 學習指引

在這個章節裡，我們將介紹形狀的繪製與路徑的繪製。針對形狀部分，可以利用幾何工具來繪製圖形，諸如：矩形工具、圓角矩形工具、橢圓工具、多邊形工具、直線工具、及自訂形狀工具等，都可以自由選用。若能善用這些工具，網頁設計或多媒體介面的安排就更簡單快速。在路徑繪圖部分，主要是透過筆型工具或形狀工具來建立工作路徑，再針對這些工作路徑進行編輯。

Photoshop CS6

9-1 形狀繪製

❖ 9-1-1 形狀工具的選項設定

想要繪製幾何圖形，Photoshop 的形狀工具提供了矩形、圓角矩形、橢圓、多邊形、直線、及自訂形狀可以選用。

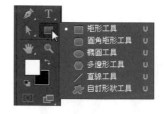

不管選用哪個形狀工具，所看到的選項內容大致如下：

形狀

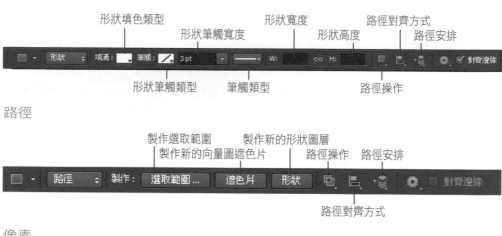

路徑

像素

在 CS6 的版本中，各位會發現「選項」的功能鈕已經做了很大的變更。這是因為 CS6 版本的「直線」和「形狀」工具可以建立完全向量形的物件，而利用選項列即可套用含填滿色彩或漸層色，也可以使用虛線來製作物件筆畫。這對於美術設計師來說，可說是相當的方便。

❖ 9-1-2　形狀工具應用範圍

基本上，利用形狀工具所繪製的形狀可運用在三方面：

形狀圖層

每一個繪製的圖層都將變成獨立的圖層，因此可以個別對圖層做編輯，諸如：
換色、修改位置、變形…等，都是易如反掌。

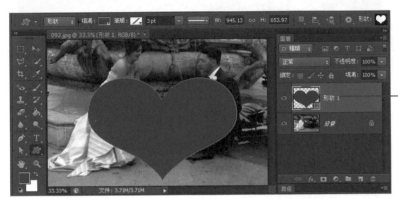

　　圖形擁有自己的圖層

路徑

繪製的圖形將顯示成工作路徑，可將路徑儲存、轉換成選取區、做填滿或筆畫的處理。CS6 版本裡，如果按下「選項」列上的 形狀 鈕，也可以將路徑變成形狀圖層。

　　路徑將顯示於路徑浮動視窗

填滿像素

所繪製的圖形會與背景底層結合在一起,因此繪製後就無法再個別調整形狀的位置。不過可以利用選項上的「模式」或「不透明度」來與背景影像形成特殊效果。

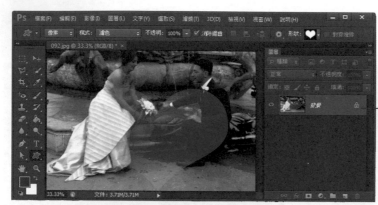

繪製的圖形是顯示在背景層

❖ 9-1-3 矩形工具

使用「矩形工具」 ■ 繪製矩形時,除了可以畫出任一比例的矩形外,也可由如圖的選項中將形狀設定為正方形,或固定其尺寸、比例。如果要從中心點開始繪製矩形,則請勾選「從中央」的選項。

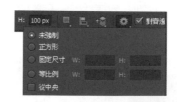

❖ 9-1-4 圓角矩形工具

圓角矩形工具 ■ 能畫出有圓弧角度的矩形,因此它除了具有矩形選項的設定外,轉折強度用來控制圓弧角度的大小。

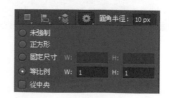

❖ 9-1-5　橢圓工具

橢圓工具  可以畫出正圓或橢圓形狀的圖案。

❖ 9-1-6　多邊形工具

多邊形工具  可以畫出各種多邊形狀或星形圖形。「強度」用來控制中心到外點的距離，「內縮側邊」可控制內縮邊緣的百分比，如果希望以圓角轉折來代替銳利轉折，可勾選「平滑轉折角」的選項。若希望以圓角內縮來代替銳角內縮，則請勾選「平滑內縮」的選項。

❖ 9-1-7　直線工具

直線工具  用來繪製直線或箭頭，在下方的「寬度」是控制箭頭寬度與線段寬度的百分比，「長度」是控制箭頭長度與線段寬度的百分比，而「凹度」是設定箭頭凹面與長度的百分比。

❖ 9-1-8 自訂形狀工具

自訂形狀工具  的「形狀」裡提供各種向量圖形，另外還包含各種類別的形狀，諸如：Web、動物、拼貼、邊框、汙點向量包、裝飾品…. 等，多達十七種類別的形狀讓您選用，選用類別後，可以取代或加入到原先的形狀中，接著選定圖案，再到頁面上拖曳出圖形大小，就可以將圖形顯示於頁面中。

9-2　路徑繪圖

❖ 9-2-1 認識路徑浮動面板

Photoshop 的「路徑」主要提供向量式的線條，由於它不包含任何的像素資料，因此無法列印出來，不過在各位編輯完路徑後，可透過填滿或筆畫的功能來呈現造型，另外印刷設計中常用的去背圖形，也都是利用路徑功能來做剪裁的。請執行「視窗 / 路徑」指令，叫出路徑浮動視窗來瞧瞧！

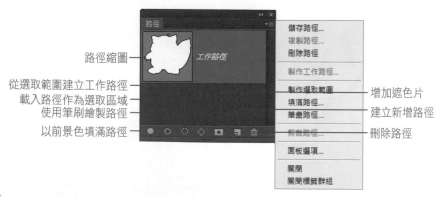

❖ 9-2-2 以形狀工具建立工作路徑

當各位開啟路徑面板時，路徑面板上空無一物，必須先利用形狀工具或筆型工具才能建立工作路徑，有了工作路徑後，才可以轉換成選取區域、或做儲存、填滿、筆畫等動作。

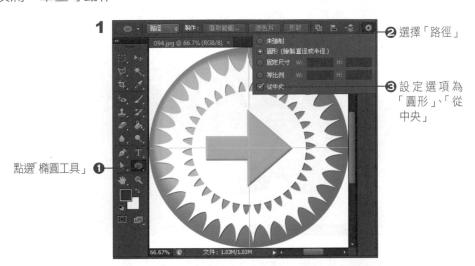

點選「橢圓工具」❶

❷ 選擇「路徑」

❸ 設定選項為「圓形」、「從中央」

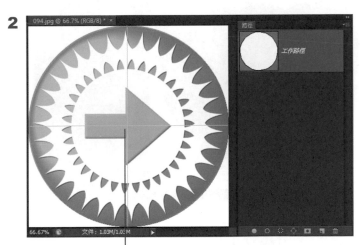

從頁面中心點往外拖曳出圓形，即可建立工作路徑

❖ 9-2-3 以創意筆工具建立工作路徑

創意筆工具類似磁性套索工具，只要沿著圖形邊緣依序按下滑鼠，就可以快速繪製路徑。

點選「創意❶
筆工具」

❷ 選項上勾選
「磁性」

❸ 在頁面上依序按
下滑鼠確定其輪
廓線

完成時將結束
點與起始點連
接在一起，工
作路徑就會自
動產生

❖ 9-2-4 以筆型工具建立工作路徑

筆型工具 是必須完全靠使用者來操作工具才能繪製出路徑。使用的新手只要把握如下的三個原則，就可輕鬆畫出完美的路徑。

依序按下滑鼠左鍵，可建立筆直的路徑

❶ 起始點

❷ 按下左鍵會產生筆直線條

按下左鍵做拖曳的動作，路徑會變成曲線，同時會有兩個控制桿和控制點

❶ 起始點

❷ 按下左鍵開始拖曳，自動
顯示左右兩個控制桿

加按「Alt」鍵可以轉換錨點，讓右側的控制桿與控制點不顯示出來，方便下
一個錨點的繪製

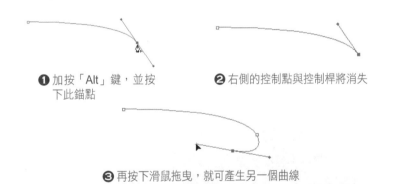

❶ 加按「Alt」鍵，並按
下此錨點

❷ 右側的控制點與控制桿將消失

❸ 再按下滑鼠拖曳，就可產生另一個曲線

現在各位可以試著利用「筆型工具」來描繪下圖右側的建築物輪廓，如此一來
就可以建立如下圖的工作路徑。

❖ 9-2-5 以選取區建立工作路徑

工作路徑的建立除了利用形狀工具、筆型工具、或創意筆工具來直接建立外，使用「選取工具」所選取的範圍，也可以將它轉換成工作路徑。

點選「魔術❶棒工具」

❸ 勾選「連續的」可避免眼睛的白色也被選取

❷ 設定容許度

❹ 按一下背景使全選白色

執行「選❶取/反轉」指令，使改選影像

❷ 由路徑浮動面板右上角下拉執行「製作工作路徑」指令

設定容許度❶

❷ 按「確定」鈕離開

完成工作路徑的建立

❖ 9-2-6　路徑編修

不管使用哪一種方式建立工作路徑，路徑如有不滿意的地方需要調整，都可以利用「增加錨點工具」 、「刪除錨點工具」 、「轉換錨點工具」 、「直接選取工具」 、「路徑選取工具」 來加以調整。

增加錨點工具	在欲增加錨點的位置上按一下可增加錨點
刪除錨點工具	以此工具按一下錨點，可將其刪除
轉換錨點工具	在指定的錨點上按一下，可將曲線轉換成直線，若按下錨點不放並且拖曳，則會產生控制點和控制桿
直接選取工具	可以個別調整錨點的位置，讓路徑更符合影像的邊界
路徑選取工具	用來移動整個路徑的位置

❖ 9-2-7　儲存路徑

不管是利用何種方式來建立工作路徑，這些工作路徑只是暫存在記憶體中，如果需要再度使用到這些路徑，就必須將它們儲存起來。

建立工作路徑後，由右上角下拉執行「儲存路徑」指令

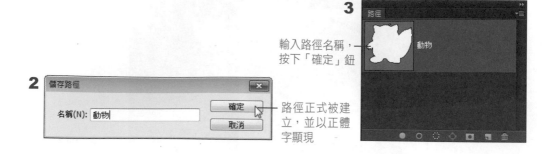

2 儲存路徑

名稱(N)：動物　　確定　取消

3 路徑 動物

輸入路徑名稱，
按下「確定」鈕

路徑正式被建
立，並以正體
字顯現

❖ 9-2-8　製作選取範圍

在同一個檔案中，各位可以增設多個路徑，透過各個路徑的交集、減去或相交
等處理，即可產生更多的路徑。此處我們來看看如何透過「製作選取範圍」的
功能，來為路徑做增加、減去、或做相交的處理。

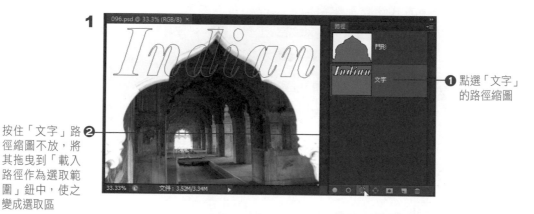

1 096.psd @ 33.3% (RGB/8)

按住「文字」路
徑縮圖不放，將
其拖曳到「載入
路徑作為選取範
圍」鈕中，使之
變成選取區 ❷

❶ 點選「文字」
的路徑縮圖

2 096.psd @ 33.3% (RGB/8)

按右鍵執行 ❷
「製作選取範
圍」指令

複製路徑...
刪除路徑
製作選取範圍...
填滿路徑...
筆畫路徑...
新增來自選取路徑的 3D 突出

❶ 點選「門形」
路徑縮圖

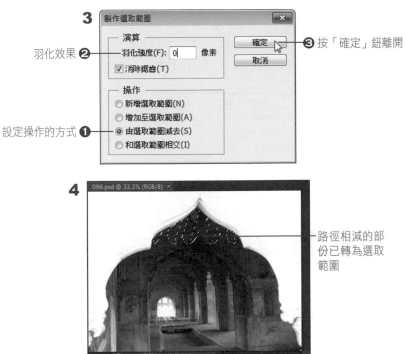

3

羽化效果 ❷

設定操作的方式 ❶

❸ 按「確定」鈕離開

4

路徑相減的部份已轉為選取範圍

利用相交、減去、或增加所得到的選取範圍，還可以再將它們儲存為路徑，這樣在運用時就變得很多樣化。

❖ 9-2-9　填滿與筆畫路徑

路徑建立後，執行「填滿路徑」指令，可填入指定的色彩，並設定合併模式、不透明度、或羽化效果。而「筆畫路徑」指令，可以選擇筆畫的工具，透過筆刷的控制來決定筆畫的粗細與變化。

1

設定前景色 ❷
為淡黃色

❶ 先點選要填滿色彩的路徑縮圖，使頁面上顯示該路徑

❸ 按右鍵下拉執行「填滿路徑」指令

2

將內容設定 ❶
為前景色

❸ 按「確定」鈕離開，
就可以看到相減的文
字區域已填入黃色

❷ 設定混合模式
及不透明度

3

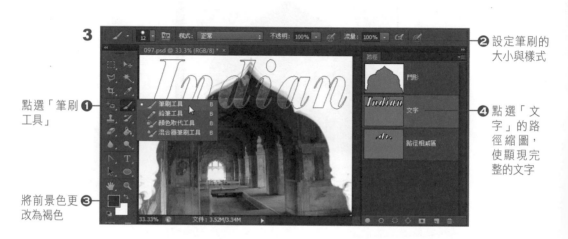

點選「筆刷 ❶
工具」

將前景色更 ❸
改為褐色

❷ 設定筆刷的
大小與樣式

❹ 點選「文
字」的路
徑縮圖，
使顯現完
整的文字

4

執行「筆畫 ❷
路徑」指令

❶ 按右鍵下拉

5

選擇「筆
刷」工具 ❶ ── 工具： ✏ 筆刷 ── ❷ 按「確定」鈕離開

☐ 模擬壓力

6　097OK.psd @ 33.3% (RGB/8) ×

── 路徑已填入指
定的筆刷色彩

33.33%　　文件： 3.52M/3.52M　▶

❖ 9-2-10　剪裁路徑製作去背圖形

「剪裁路徑」主要應用在印刷排版之中，當各位設計的插畫圖案要與其他有底
色的版面結合在一起時，如果圖案未做去除背景的處理，露出白色的背景就會
顯得很突兀，而要做去背設定，就可以使用「剪裁路徑」的功能來處理。其製
作的步驟如下：

1

使用「魔術棒工
具」點選背景白色 ❶

❷ 執行「選取 / 反轉」
指令，使改選取圖形

2

設定工作路徑 **2**
的容許度

1 下拉執行「製
作工作路徑」
指令

3 按「確定」鈕
離開

3

輸入路徑名稱 **2**

1 執行「儲存路
徑」指令

3 按「確定」鈕
離開

4

設定路徑的平 **2**
面化數值，數
值越小，圖形
越平滑

1 執行「剪裁路
徑」指令

3 按「確定」鈕
離開

完成以上的動作，圖形就算完成去背的處理，此時只要將它另存成 TIFF 格式，再匯入到 PageMaker、Indesian 等排版軟體中就行了。

> **TIPS**
>
> 　　轉存路徑到 Illustrator：Photoshop 中所編輯的路徑，也能輕鬆地轉存為 Adobe Illustrator 的檔案喔！這樣的轉換功能，讓兩套軟體在處理組合畫面時變得更容易；像是在 Illustrator 中列印 Photoshop 剪裁路徑作為補漏白使用，或是將 Illustrator 中的文字或物件對齊 Photoshop 路徑，都可輕鬆做到。只要執行「檔案 / 轉存 / 路徑到 Illustrator」指令，就可以在視窗中指定特定路徑或全部路徑轉存成 AI 的檔案格式。

9-3　範例實作 - 文字的填滿與筆畫

完成畫面

學習目標

這個範例主要是練習利用文字遮色片工具來輸入文字，同時利用路徑功能來完成填滿與筆畫的效果。

來源檔案

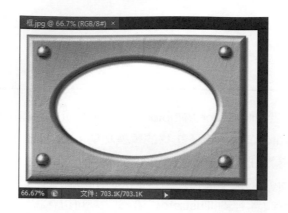

步驟說明

1

開啟「框.jpg」❶
圖檔

選用「水平文❷
字遮色片工具」

水平文字工具　　　T
垂直文字工具　　　T
・水平文字遮色片工具　T
垂直文字遮色片工具　T

❹ 由選項上設定文
字字型與大小

❸ 在頁面上輸入
「作品集」等字

2

點選「矩形選❶
取畫面工具」,
使回到一般狀
態

新增路徑...
複製路徑
刪除路徑
製作工作路徑...
製作選取範圍...
填滿路徑...
筆畫路徑...
剪裁路徑...
面板選項...
關閉
關閉標籤群組

❷ 開啟「路徑
板」,下拉選
「製作工作
徑」

3 製作工作路徑

輸入容許度 ❶　　容許度(T): 0.5　像素

確定　❷ 按此鈕確定
取消

4

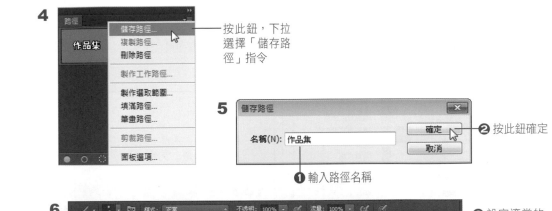

按此鈕，下拉選擇「儲存路徑」指令

5

❶ 輸入路徑名稱

❷ 按此鈕確定

6

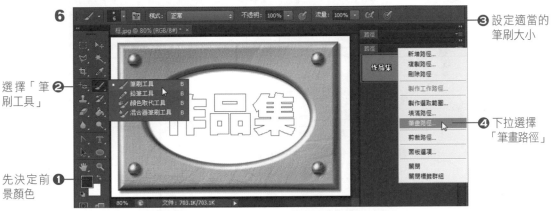

先決定前景顏色 ❶

選擇「筆刷工具」❷

❸ 設定適當的筆刷大小

❹ 下拉選擇「筆畫路徑」

7

點選「筆刷」❶

❷ 按此鈕確定

8

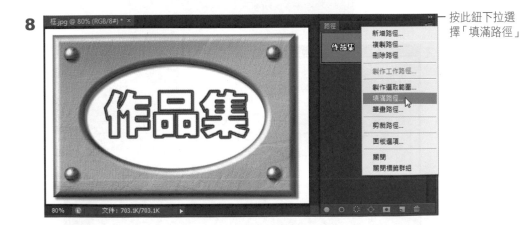

按此鈕下拉選擇「填滿路徑」

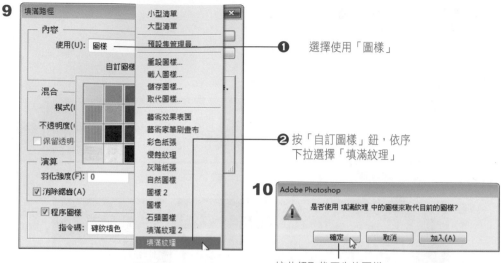

9

❶ 選擇使用「圖樣」

❷ 按「自訂圖樣」鈕,依序
下拉選擇「填滿紋理」

10

按此鈕取代原先的圖樣

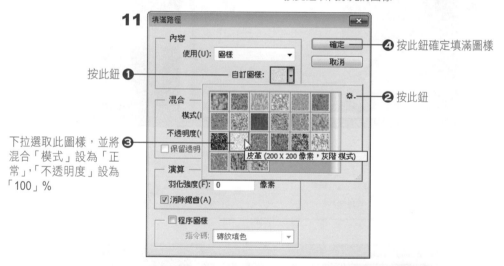

11

按此鈕 ❶

❹ 按此鈕確定填滿圖樣

❷ 按此鈕

下拉選取此圖樣,並將
混合「模式」設為「正
常」,「不透明度」設為
「100」% ❸

皮革 (200 X 200 像素,灰階 模式)

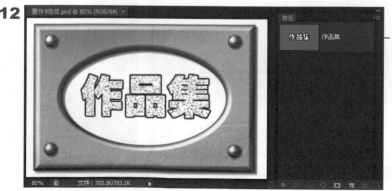

12

在路徑以外
的區域按一
下,即可看
到完成的文
字效果

是非題

1. （ 　 ） 使用形狀工具繪製造形時，無法設定從中心點開始往外繪製。

2. （ 　 ） 使用形狀工具繪製造形時，可以自訂造形的比例。

3. （ 　 ） 形狀工具所繪製的圖形，也可以顯示為路徑的形式。

4. （ 　 ） Photoshop 所儲存的路徑，可以使用印表機列印出來。

5. （ 　 ） 使用多邊形工具可以繪出星形的造型。

6. （ 　 ） 印刷設計中常用的去背圖形，都是利用 Photoshop 的路徑功能來
做剪裁。

7. （ 　 ） 在路徑面板上所建立的工作路徑，通常會以斜體字顯示。

8. （ 　 ） 以筆型工具建立工作路徑時，按下左鍵做拖曳的動作，路徑會變
成曲線，同時會有兩個控制桿和控制點。

9. （ 　 ） 一個 psd 檔案中，只能儲存一個路徑，無法儲存多個路徑。

10. （ 　 ） 路徑選取工具可以用來移動整個路徑的位置。

選擇題

1. （ 　 ） 形狀工具所繪製的形狀無法運用在下列哪一項中？

    A. 筆畫 　　　　　　　　 B. 填滿像素

    C. 形狀圖層 　　　　　　 D. 路徑

2. （ 　 ） 下列哪一種方式，繪製的圖形會與背景底層結合在一起，繪製就
無法調整形狀的位置？

    A. 筆畫 　　　　　　　　 B. 填滿像素

    C. 形狀圖層 　　　　　　 D. 路徑

3. （ 　 ） 下列哪一種方式，繪製後的圖形都會變成獨立的圖層？

    A. 筆畫 　　　　　　　　 B. 填滿像素

    C. 形狀圖層 　　　　　　 D. 路徑

4. (　　　) 對於直線工具的說明，哪一個不正確？

　　　A. 可繪製直線或箭頭

　　　B. 可設定箭頭開始或結尾

　　　C. 可控制箭頭長度與線段寬度的百分比

　　　D. 可控制線條的凹度

5. (　　　) 以筆型工具繪製路徑時，若要讓右側的控制桿與控制點不顯示出來，以方便下一個錨點的繪製，可加按哪個快速件來轉換錨點？

　　　A.「Alt」鍵　　　　　　　　　B.「Ctrl」鍵

　　　C.「Shift」鍵　　　　　　　　D.「Tab」鍵

6. (　　　) 下面哪個工具和磁性套索工具雷同，只要沿著圖形邊緣依序按滑鼠，就可以快速繪製路徑？

　　　A. 筆形工具　　　　　　　　　B. 形狀工具

　　　C. 創意筆工具　　　　　　　　D. 以上皆可

實作練習題

1. 學習目標：文字的筆畫與填滿

　　練習說明：請在 640 x 300 像素，解析度為 96 的空白頁面上，利用文字遮色片工具來輸入文字「Word」，同時利用路徑功能完成填滿與筆畫的效果

　　完成檔案：習作 1ok.jpg

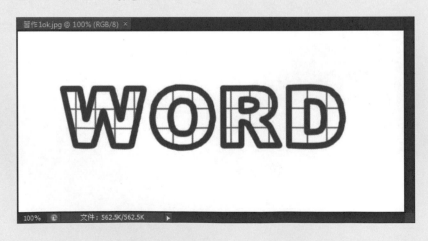

步驟說明

（1）執行「檔案 / 開新檔案」指令，設定指定的尺寸與解析度。

（2）點選「水平文字遮色片工具」，輸入「Word」，設定字體為 Arial Black、100 點。

（3）開啟「路徑」浮動面板，下拉執行「製作工作路徑」指令，容許度設為 0.5。

（4）下拉執行「儲存路徑」指令，並輸入名稱。

（5）下拉執行「填滿路徑」指令，填入「圖樣」類別中的「拼貼 - 平滑」縮圖，模式設為正常。

（6）先將前景色設定為藍色，點選筆刷工具，指定筆刷大小為 9，下拉執行「筆畫路徑」指令，並將工具選為「筆刷」，即可完成文字的筆畫與填色。

2. 學習目標：去背圖形製作

練習說明：以「筆型工具」來繪製與剪裁路徑，使剪裁後的圖形，具有去背景的效果

圖檔來源：習作 2.jpg

完成檔案：習作 2ok.tif

步驟說明

（1）開啟練習檔案「習作 2.jpg」，並點選「筆型工具」。

（2）設定為「路徑」的繪製方式，先繪製鵝的外輪廓。

（3）選項上按下「從路徑中減去」鈕，減去脖子轉彎處及腳的部份。

（4）由「路徑」浮動視窗上執行「儲存路徑」指令，輸入路徑名稱。

（5）再下拉執行「剪裁路徑」指令，平面化設為 0.2 像素裝置。

（6）執行「檔案 / 另存新檔」指令，設定儲存位置，選擇 TIFF 存檔格式，輸入檔名後，將壓縮方式設為「無」，即可完成檔案的儲存。

10 圖層的基礎編修

學習指引

「圖層」是將每個影像畫面以獨立的圖層放置,每個圖層可隨時編修而不會互相干擾,
而整體組合起來又是完整的畫面,因此學習影像合成,圖層的觀念不可不知。想看看
圖層浮動面板的長相,可執行「視窗 / 圖層」指令將它開啟。

Photoshop CS6

10-1 影像圖層編輯

❖ 10-1-1 背景圖層

通常開啟的數位影像，圖層浮動視窗只會顯示「背景」圖層，由於是基底影像，因此通常是鎖定的狀態，無法隨便移動。如圖示：

基底影像會以斜
體顯示「背景」
圖層，並以鎖的
符號表示此圖層
無法移動

> ☼ TIPS
>
> 　　更改背景圖層為普通圖層：通常背景圖層是呈現鎖住的狀態，而且無法移動，如果想將它變成普通的圖層，可以按滑鼠兩下於縮圖上，於「新增圖層」的視窗中按下「確定」鈕，這樣背景圖層就會變更為一般圖層。

❖ 10-1-2 建立圖層

當各位使用文字工具建立文字圖層，或是使用複製、貼上指令將影像貼入，通常就會自動建立新圖層於「背景」圖層之上。如果直接按於浮動視窗下方的「建立新圖層」🔲 鈕，則可新增一個完全透明的圖層。

文字圖層會顯示 T 符號

拷貝進來的影像，其影像外會呈現透明

按此鈕可新增透明圖層

❖ 10-1-3 圖層浮動面板 功能加強

由於在剪貼影像或加入文字時，它都會自動形成一個獨立的圖層，因此浮動面板各按鈕所代表的意義可得先了解一下。

鎖定影像像素　鎖定位置

設定圖層混合的模式 — 正常

設定圖層的主要不透明度

設定圖層內部的不透明度

鎖定透明像素 —

全部鎖定

顯示圖層 —

選定的圖層

隱藏圖層 —

建立新圖層

連結圖層 —

刪除圖層

增加圖層樣式
增加圖層遮色片　建立新增填色或調整圖層　建立新組合

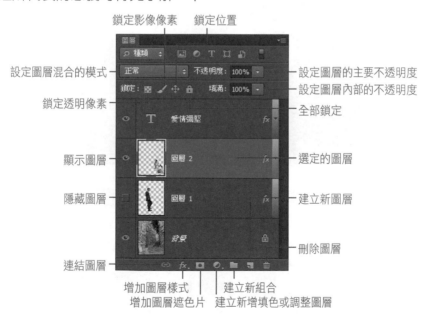

各位不要被這麼多的按鈕所代表的意義給嚇著了，在這兒只要先記住如下兩點，其餘的按鈕功能或作用，我們會在後面一一解說到。

■ 👁 表示看得到該圖層，再按一下滑鼠左鍵使關閉 👁 圖示，就會隱藏該圖層。

■ 點選要編輯的圖層，它會以灰藍底反白字呈現，表示所執行的功能將會作用於此圖層上。

另外，在 CS6 的版本中，在「圖層」面板頂端，新增的濾鏡選項可協助各位在複雜的文件中迅速找到關鍵圖層。您可以依據名稱、種類、效果、模式、屬性或顏色等標籤來顯示圖層，可加快速度特定圖層的搜尋。

由此選擇後，後方還有副選項可以選擇

❖ 10-1-4 新增剪下的圖層

拍攝的數位影像，如果要將影像背景去除，只要選取工具選取範圍後，利用「圖層 / 新增 / 剪下的圖層」指令，該選取區就會被剪下，並成為獨立的圖層，屆時多餘的背景圖層就可以將它丟到垃圾桶中加以刪除。

使用各種選取工具選取男主角 ❶

❷ 執行「圖層 / 新增 / 剪下的圖層」指令

關閉背景圖層，即可看到剪裁的結果

選取區已變成獨立的圖層

❖ 10-1-5 調整圖層順序

圖層浮動面板中的圖層都存放有不同的物件，通常上面的圖層會壓住下面的圖層，使得部分影像會被隱藏起來。如果想要調動圖層的先後順序，直接按住圖層拖曳到想放置的位置上再放開滑鼠，這樣就可以更換它們的順序。

拖曳此圖層，並移到鳥的下方，如此一來，圖層順序就會改變

瞧！鳥和雕像的前後位置改變了

❖ 10-1-6 更改圖層名稱

當各位將選取影像貼入後，每個圖層會自動以「圖層 1」、「圖層 2」…的順序依序命名，如果圖層很多且容易搞混時，不妨為各個圖層加以命名，取個容易記的名字，以方便尋找。只要按滑鼠兩下在其名稱上，即可輸入新的圖層名稱。

按滑鼠兩下，
就可輸入名稱

❖ 10-1-7 複製圖層

圖層中的影像如果需要重複應用，通常將選定的圖層直接拖曳到「建立新圖層」
🔳 鈕中，或是執行「圖層 / 複製圖層」指令，就可以完成複製的動作。

1

點選此縮圖 ❶

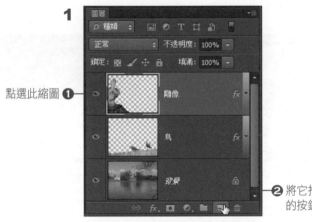

❷ 將它拖曳到下方
的按鈕中

2

顯示拷貝圖層

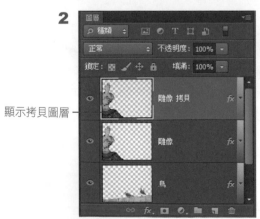

TIPS

　　圖層的對齊與均分：如果有多個圖層物件需要做對齊或均分的處理，可以透過「圖層 / 對齊」或「圖層 / 均分」指令，再從副選項中選擇適合的對齊或均分方式。

❖ 10-1-8　連結圖層

畫面中的圖層如果是相關聯的，希望它們能夠同時被作用，諸如：移動、縮放、合併、群組…等，可先將圖層選取起來，然後按下 🔗 鈕，這樣就可以造成連結的關係。

圖層已顯示連結關係

按此鈕，圖層會形成連結關係

❖ 10-1-9　群組圖層

有時候圖層中的物件很多，為了方便管理，可以將它們分門別類，以「圖層 / 群組圖層」指令即可加入資料夾，並自動將相關圖層放置在一起。

執行「圖層 / 群組圖層」指令

❶ 先將圖層選取起來

2

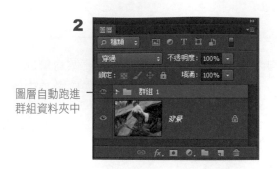

圖層自動跑進
群組資料夾中

❖ 10-1-10　平面化所有圖層

在編輯影像的過程中，我們不斷地增加圖層的數目，事實上有些圖層內容如果
能夠放置在同一層中，不但可以增加編輯的速度，尋找圖層也比較方便。想要
將圖層合併，可以利用如下幾種方式來達到不同程度的合併：

合併可見圖層

將看得見的圖層合併在一起，被隱藏的圖層則不會被合併。

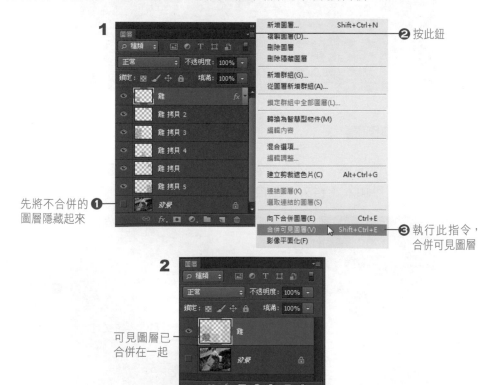

1

❷ 按此鈕

先將不合併的 ❶
圖層隱藏起來

❸ 執行此指令，
合併可見圖層

2

可見圖層已
合併在一起

合併圖層

將所有被選取到的圖層合併成一個圖層。

影像平面化

不管是否包含隱藏圖層或連結的圖層，全部合併成背景圖層。

10-2 圖層樣式

❖ 10-2-1 編輯圖層樣式

「圖層樣式」是 Photoshop 令人激賞的功能之一，透過這項功能可讓使用者輕鬆就做到陰影、光暈、浮雕、覆蓋、筆畫…等效果，讓原本需要經過多道手續才能完成的畫面，只要用滑鼠勾選及調整滑動鈕，就能輕易做到。要使用「圖層樣式」的功能，可直接在圖層浮動視窗下方按下 **fx** 鈕，或是執行「圖層 /圖層樣式」指令，就可以從副選項中選擇想要運用的樣式了。

按此鈕選擇圖層樣式

不管選擇哪個選項樣式，將會進入下圖的視窗。

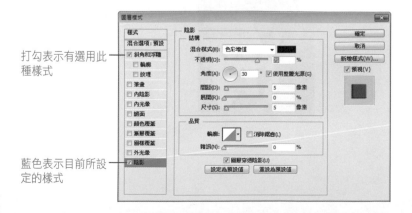

打勾表示有選用此種樣式

藍色表示目前所設定的樣式

在同一圖層中可以同時套用多種樣式，只要將它打勾，然後點選該選項，就可以在右側設定相關屬性，而其最大好處是可以馬上從視窗後面預覽樣式效果，方便使用者隨時調整屬性，不喜歡的樣式，只要將它取消勾選就行了。如下方所顯示的，就是各種樣式所提供的樣式效果：

斜角和浮雕

筆畫

內陰影

內光暈

緞面

顏色覆蓋

漸層覆蓋

圖樣覆蓋

外光暈

陰影

❖ 10-2-2　圖層混合選項設定

在設定圖層樣式時，其視窗最上方還有「混合選項：預設」，這兒提供一些混合模式的設定。

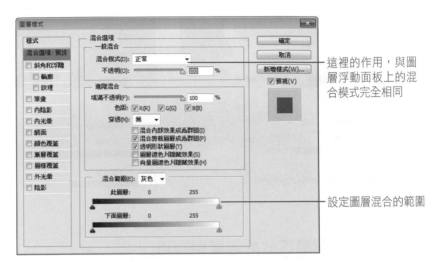

這裡的作用，與圖層浮動面板上的混合模式完全相同

設定圖層混合的範圍

下方的「混合範圍」設定，能讓各位在不影響影像內容的情況下來改變影像效果。

如圖的兩張影像，只要將「此圖層」左側的黑色三角形鈕往右移，黑色的像素就會變透明而形成如下左圖的效果。反之，調整下面圖層的黑色三角形，下層的黑色就會顯露出來，而形成不同的風貌。

❖ 10-2-3 圖層樣式的隱藏與顯現

當各位有設定任何的圖層樣式，圖層浮動視窗就會自動顯示 fx▲ 的圖示，表示該圖層已加入圖層樣式，而從旁邊的三角形鈕可以控制效果選單的顯示或隱藏。

按下三角形鈕可看到所加入的圖層樣式，按滑鼠兩下於此圖示，可進入「圖層樣式」的編輯視窗

再按一下三角鈕，會隱藏圖層樣式

❖ 10-2-4 編修圖層樣式

當圖層樣式建立之後，「圖層 / 圖層樣式」的副選項中還提供如下幾個指令讓各位編修圖層樣式。

Adobe Systems Benelux BV, Taiwan Branch
服務專線 0080-163-1314

親愛的讀者：

　　非常感謝您使用 Adobe Photoshop CS6 試用版，相信您在試用過本產品後一定會發覺 Adobe Photoshop CS6 是您在專業領域中最好的選擇，若您欲購買本產品或有任何疑問，請向 Adobe Systems 台灣代理商：上奇科技(02)8792-3001 展碁國際(02)2371-6000 洽詢、或造訪 www.adobe.com/tw 取得更多產品資訊。

　　再次提醒您，根據中華民國著作權法規定，使用盜版軟體是觸法行為，請千萬不要以身試法喔!

　　　　謹　祝

祺　安

Adobe Systems Benelux BV,
Taiwan Branch

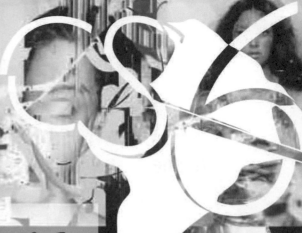

Adobe® Creative Suite® 6

即 時 創 作！

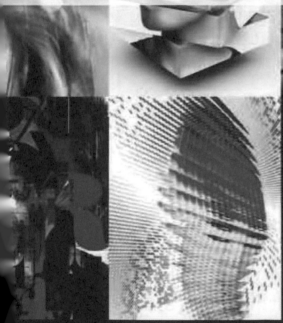

靈感・重塑創意大未來

Adobe® Creative Suite® 6系列產品 — 專為設計、網頁、行
製作專業人士所打造的終極工具 — 突破性新功能與
流程，幫助您高效率製作傳遞最具影響力內容。
完全駕馭靈感火花，實現所有創意想像！

拷貝圖層樣式

將選定的圖層樣式拷貝至剪貼簿中，等待貼入至其他圖層。

貼上圖層樣式

將拷貝的圖層樣式複製到目前的圖層中。

清除圖層樣式

將目前圖層中的圖層樣式加以去除。

整體光源

可以重新調整所有圖層的整體光源，以改變光線的角度與高度。

建立圖層

將圖層樣式中的屬性打散成一般的圖層。

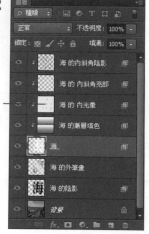

執行「建立圖層」
後，所顯示的個
別圖層效果

隱藏全部效果

將圖層所設定的樣式，全部隱藏起來。

縮放效果

將目前已經有的圖層樣式做放大或縮小的設定。

10-3 範例實作─以圖層樣式功能強化美食菜單

完成畫面

學習目標

這個範例已將相關的美食圖片、標題文字及菜單編排完成，請再利用「圖層樣式」功能來強化菜單的效果。對於相同效果的圖層樣式，我們則會透過「拷貝圖層樣式」及「貼上圖層樣式」指令來快速複製圖片或文字效果。

來源檔案

步驟說明

首先來設定「美」字的樣式效果，設定完成後再將圖層樣拷貝 / 貼入「食菜單」的圖層中。

❶ 點選「美」的圖層

❷ 按此鈕

❸ 選擇「陰影」指令

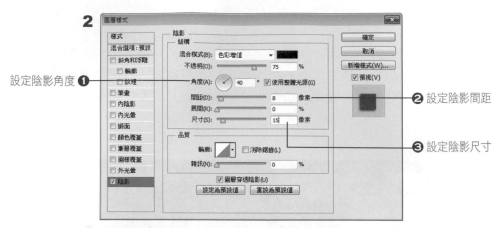

2

設定陰影角度 ❶

❷ 設定陰影間距

❸ 設定陰影尺寸

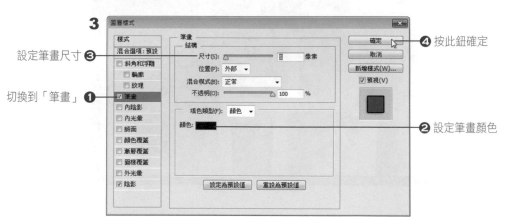

3

設定筆畫尺寸 ❸

切換到「筆畫」❶

❹ 按此鈕確定

❷ 設定筆畫顏色

4

執行「圖層 / 圖層樣式 / 拷貝圖層樣式」指令 ❷

❶ 點選「美」圖層

5

❶ 點選「食菜單」圖層

❷ 執行「圖層 / 圖層樣式 / 貼上圖層樣式」指令

6

顯示加入陰影與筆畫效果的標題文字

接下來我們繼續為「嚴選食材」的圓形標誌加入外光暈的效果，使標誌顯得更亮眼吸引人。

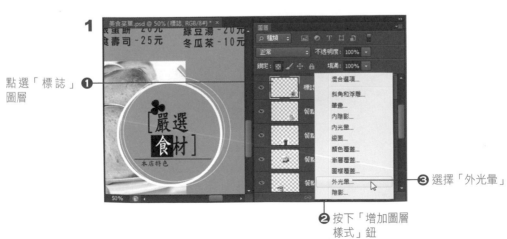

1

點選「標誌」圖層 ❶

❷ 按下「增加圖層樣式」鈕

❸ 選擇「外光暈」

2

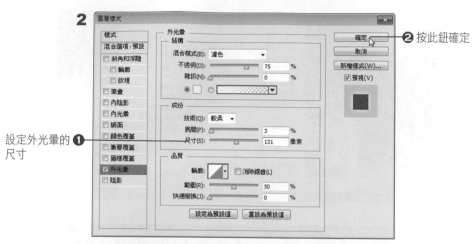

設定外光暈的 **❶**
尺寸

❷ 按此鈕確定

3

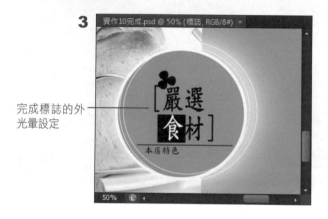

完成標誌的外
光暈設定

是非題

1. (　　) 通常背景圖層是呈現鎖定的狀態，無法隨便移動。

2. (　　) 當圖層以灰藍底反白字呈現時，表示所執行的功能會作用於此圖層上。

3. (　　) 圖層面板如果沒有看到，可執行「檢視 / 圖層」指令將它開啟。

4. (　　) 背景圖層無法將它變更成一般的圖層，或做移動的處理。

5. (　　) 圖層若有連結的關係，它會以 圖示顯示。

6. (　　) 從圖層面板上，我們無法辨識它為文字圖層或影像圖層。

7. (　　) 使用「圖層 / 圖層樣式 / 建立圖層」指令，可以將圖層樣式中的屬性打散成一般的圖層。

8. (　　) 對於目前已經有的圖層樣式，也可以透過指令做放大或縮小的設定。

9. (　　) 使用「整體光源」指令，可以一次就調整所有圖層的光線角度和高度。

10. (　　) 要將背景圖層變成一般圖層，可按滑鼠兩下做設定。

選擇題

1. (　　) 對於圖層的說明，下列何者說明有誤？

　　A. 背景圖層通常以斜體顯示

　　B. 圖層的順序可以用拖曳的方式來作調整

　　C. 圖層的名稱隨時都可以自行更改

　　D. 圖層中的物件無法作對齊或均分的設定

2. (　　) 下列何者不是圖層所提供的合併方式？

　　A. 合併可見圖層　　　　　B. 合併圖層

　　C. 影像平面化　　　　　　D. 合併隱藏圖層

3.（　　　）下列哪個圖鈕表示可以設定圖層樣式？

A. 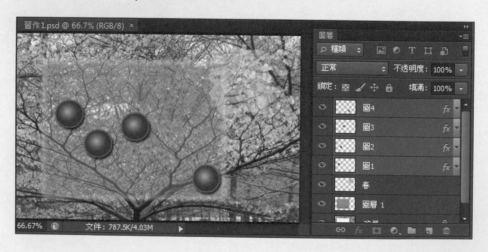 鈕　　　　　　　　B. ⬛ 鈕

C. 👁 鈕　　　　　　　　D. ⬛ 鈕

4.（　　　）下面哪個圖層樣式，可為圖層影像加入紋理效果？

A. 緞面　　　　　　　　　B. 陰影

C. 斜角和浮雕　　　　　　D. 漸層覆蓋

實作練習題

1. 學習目標：圖層物件的對齊與均分

練習說明：請利用「圖層」功能表中的功能，將圖中的四個圓形作對齊、均分的設定

圖檔來源：習作 1.psd

完成結果：習作 1ok.psd

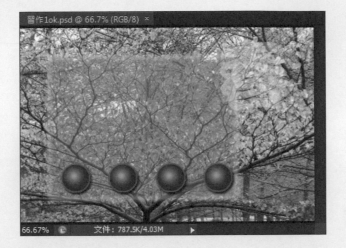

步驟說明：

（1）選取圖 1、圖 2、圖 3、圖 4 等圖層。

（2）執行「圖層 / 對齊 / 底部邊緣」指令，使對齊「圖 1」的底部。

（3）執行「圖層 / 均分 / 右側邊緣」指令，讓位於最左側的「圖 1」與最右側圖形之間作均分處理。

2. 學習目標：製作影像邊框

練習說明：請利用圖層樣式的設定與圖層樣式的複製，來為多張影像加入美美的邊框

樣式設定：

　陰影：混合模式為「變亮」、黑色、角度 120、間距 5、尺寸 5

　外光暈：混合模式為「濾色」、不透明度 100%、白色、尺寸 24 像素

　斜角和浮雕：樣式為「內斜角」，尺寸 6，未勾選「輪廓」及「紋理」

　筆畫：白色、尺寸 8

圖檔來源：習作 2psd

完成結果：習作 2ok.psd

步驟說明：

（1）開啟影像檔「習作 2.psd」，點選其中的一個圖層，執行「圖層 / 圖層樣式 / 陰影」指令，然後設定所指定的圖層樣式。

（2）確定好要使用的邊框樣式後，點選已設定樣式的圖層，執行「圖層 / 圖層樣式 / 拷貝圖層樣式」指令，使複製該圖層樣式。

（3）選取其他兩個圖層，再執行「圖層 / 圖層樣式 / 貼上圖層樣式」指令，三張影像就會都擁有相同的邊框樣式。

11 圖層的進階應用

 **學習指引**

針對圖層的應用，除了上一章所介紹的圖層樣式外，還有圖層混合模式、新增填滿圖層、新增調整圖層、增加圖層遮色片、或增加向量圖遮色片等功能，讓圖層產生更多的變化效果，這一節中，我們就要來探討這些功能的使用。

11-1　圖層混合模式

❖ 11-1-1　善用圖層混合模式

圖層混合模式位在圖層浮動視窗的最上方，它包含了二十多種的變化，主要作用是讓作用的圖層與其下方的影像產生混合的效果。由於所產生的結果往往驚人，因此善用這些模式可以讓編輯的影像或圖案更出色。

由此下拉選擇圖層的混合模式

❖ 11-1-2　混合效果介紹

對於剛接觸混合模式的人，往往要不斷的測試，才能找到最好的混合模式，因此在這兒我們大略說明各項模式的特性：

正常

此為預設的混合模式，表示該圖層中的影像以正常狀態顯示。但可以配合「不透明」 的設定，來造成影像透明的效果。

正常
不透明：100

正常
不透明：60

溶解

當圖層有做羽化的效果時，選用「溶解」模式會造成顆粒效果，如果將「不透明」值降低，可造成雪花片片的效果。

原影像

採用「溶解」模式，配合不透明度設定，會形成小點顆粒

變暗、色彩增值、加深顏色、線性加深、顏色變暗

這五種模式主要讓較暗的色彩變得更暗，較亮的色彩則會被忽略，而顯現背景層的影像。

正常模式

加入變暗模式，深色變深，亮色則不明顯

利用這種特性，很多黑白線稿的插畫圖案就容易製作了，因為當您將黑白線稿掃描至 Photoshop 後，只要將模式更換為「變暗」、「色彩增值」或「線性加深」等模式，就可以直接在背景層上彩，而線稿中的白色則不會顯示出來。

將黑白線稿更換為「色彩增值」，不須做去背的處理，背景層中的手繪圖形就可以顯示出來

變亮、濾色、加亮顏色、線性加亮、顏色變亮

此五種模式主要對亮部的地方有作用，對於夜景中的霓虹燈光或投射光芒等，可以快速取得它的效果。

如上圖的兩張影像，當各位將夜景中的噴水池套上「變亮」的模式，五彩繽紛的水柱馬上就可以應用到雕像中，而不用作任何去背的處理。

——兩張圖層混合
變亮的效果

覆蓋、柔光

此二模式可以將兩個圖層以較均勻的方式混在一起,因此為多數人所愛用的模式之一。

如上圖的兩張影像,在使用「覆蓋」的混合模式後,仍然可以清楚的辨識兩張的形體。

——使用「覆蓋」
混合模式的
結果

實光、小光源

「實光」的效果較「覆蓋」的效果反差大些，但如果同樣的兩張影像，您將背景層與上層的影像顛倒過來，就可以發現「實光」與「覆蓋」所呈現的效果是相同的。至於「小光源」的效果則與實光的效果相當雷同。

兩張影像的位置
對換，實光與覆
蓋所呈現的結果
相同

實光效果的明暗
反差較大

強烈光源、線性光源

這兩種模式都有強烈加亮或加暗的作用，而強烈光源的效果又更為明顯。

差異化、排除

這兩種模式所產生的畫面效果是較難以捉摸的，因為影像除了具有類似負片的
效果外，兩個圖層混合之後的色彩也會產生變化互補的效果。二者比較起來，
「差異性」的顏色較絢麗，而「排除」的色調就比較暗濁些。

實色疊印混合

「實色疊印混合」能做出像色調分離的效果，藉由底層影像的反差而在暗部顯示疊印的色彩。

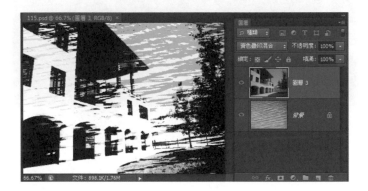

色相、顏色

此二模式主要在顯現顏色而忽略彩度與明度。就效果做比較，通常「顏色」混合後的色彩比「色相」所混合的色彩來的明亮些。

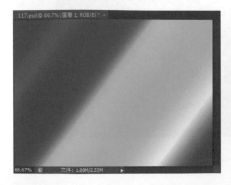

選擇「色相」
混合模式只會
顯示顏色,而
會忽略彩度與
明度

「顏色」混合
的效果較明亮

飽和度

飽和度與彩度有極大的關連,當混色圖層的彩度較高時,混色後就越鮮明。如下面的影像,在加上紫羅蘭、橘二色的漸層後,樹林色彩就顯得耀眼奪目了。

明度

「明度」著重在明度的混合，它會將所在圖層的影像轉換成灰階效果，而下方的影像則是混入色相。

11-2 新增與編輯填滿圖層

「新增填滿圖層」是 Photoshop 的好用功能之一，因為在做純色、漸層色、或圖樣的填滿時，它會自動變成一個獨立的圖層，而且還可以將指定的區域轉變成剪裁遮色片，所以填色時並不會動到原來的影像，修改畫面也變得很容易。

❖ 11-2-1 新增填滿圖層

當各位執行「圖層 / 新增填滿圖層」指令時，可以由副選項裡選擇「純色」、「漸層」、「圖樣」三種填滿效果；不管選擇何者，都會先看到「新增圖層」的視窗。

這裡會依據選擇純色、漸層、或圖樣而自動顯示

有事先選取範圍，可勾選此項，使建立遮色片範圍

設定圖層縮圖色彩，以方便圖層類別的辨別

這裡可事先設定影像混合模式，也可以在完成後由圖層浮動視窗上方做設定

在按下「確定」鈕後，才會依照您所選定的填滿效果進入相關視窗做設定。

先以選取工具選取要加入漸層效果的區域，再執行「圖層 / 新增填滿圖層 / 漸層」指令

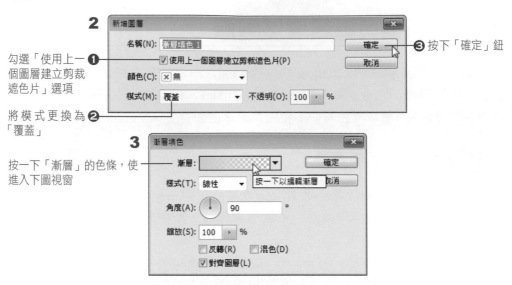

2

勾選「使用上一❶
個圖層建立剪裁
遮色片」選項

將模式更換為❷
「覆蓋」

❸ 按下「確定」鈕

3

按一下「漸層」的色條，使
進入下圖視窗

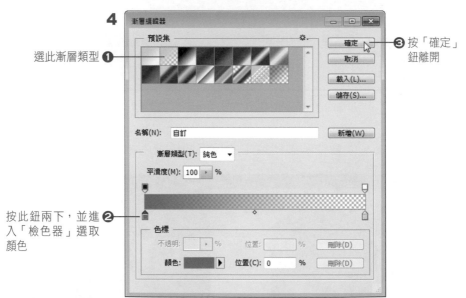

4

選此漸層類型❶

❸ 按「確定」
鈕離開

按此鈕兩下，並進❷
入「檢色器」選取
顏色

5

設定角度❶

❷ 按下「確定」鈕

6

顯示只有凱旋門
加入漸層效果

❖ 11-2-2 編輯填滿圖層

加入填滿圖層的效果之後，如果還想調整漸層色彩，按滑鼠兩下於 🖼 縮圖上，就能回到「漸層填色」的視窗中做修改。另外，按滑鼠右鍵於圖層上的遮色片，還可以關閉、啟動、或刪除圖層遮色片。

按滑鼠右鍵於圖層上的遮色片，所顯示的功能指令

關閉圖層遮色片

暫時關閉遮色片的功能，並顯示紅色的大 X 於遮色片上。

與底層有關聯時，會看到往下的箭頭，同
時圖層縮圖或作縮排效果

啟動圖層遮色片

將上圖中的紅色大 X 取消，使開啟圖層遮色片功能。

刪除圖層遮色片

刪除圖層遮色片，色彩或漸層將填滿整個畫面，而圖層將顯示如下。

背景也加入填滿的效果

11-3　圖層遮色片

❖ 11-3-1　增加圖層遮色片

「遮色片」是從事電腦繪圖設計時不可不學的一項技巧，因為它可以將影像中不想保留的地區遮蓋起來，這樣影像就不會被破壞，需要修改畫面時也會變得比較簡單。現在我們就來學習如何在一般情況下建立遮罩色片。

1

❶ 點選汽車的圖層

使用選取工❷具選取汽車的車體

❸ 在浮動視窗下方按下「增加圖層遮色片」按鈕

2

汽車的遮色片已被建立，背景部分已被遮蓋起來

以這樣的方式，各位就能輕鬆地將很多張影像接合在一起，卻不會動到畫面的完整性。要注意的是，背景層通常是呈現鎖定的狀態，因此要對背景影像建立遮色片，必須先將背景層改為一般圖層之後，才能使用遮色片功能。

❖ 11-3-2 運用遮色片快速建立影像合成

圖層遮色片建立之後,如果希望影像能夠淡入至底層影像,還可以再使用「漸層工具」將漸層變化加入至遮色片中。

1

❶ 按右鍵於遮色片上

❷ 執行「增加圖層遮色片到選取範圍」指令,使選取影像

2

點選「漸層工具」❷

❸ 將漸層設為線性黑至白的效果

❶ 按一下「圖層」動視窗中的遮色縮圖,使進入遮色模式

❹ 由影像外往陰影作漸層

3

瞧!汽車陰影不會一片死黑了

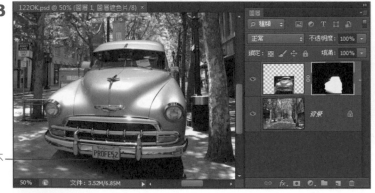

TIPS

　　遮色片以外的影像合成技巧：使用遮色片的好處是，利用遮罩把不想顯現的地方遮蓋起來，因此原影像都可以保持完好如初。如果不太會用遮色片，也可以利用「橡皮擦工具」將不要的地方擦掉，或將不想顯現的地方先圈選起來，再按「Delete」鍵將它刪除，只是後兩種方式會破壞影像的完整性。

11-4 調整圖層

❖ 11-4-1 新增調整圖層

「圖層 / 新增調整圖層」功能所提供的色彩調整指令，事實上與「影像 / 調整」中的作用相同，所不同的在於「新增調整圖層」功能它會自動形成一個圖層，此圖層可與它的上一個圖層建立遮罩關係，同時所作調整可以隨時回去修改而不會影響到原有的畫面，而「影像 / 調整」所作的色彩調整則無法重新修正，因此，善用「新增調整圖層」可以讓美術設計工作更有發揮的空間。

1 開啟影像檔 ❶

❷ 執行「圖層 /
新增調整圖
層 / 色相 / 飽
和度」指令

2

勾選「使用上一
個圖層建立剪裁
遮色片」指令 ❶

❷ 按下「確定」鈕

3

— 更改主檔案的色相

4

— 顯示在不影響原影
像的情況下，以獨
立的圖層顯示調整
色彩的結果

❖ **11-4-2　修改調整圖層**

當調整圖層建立之後，如果不滿意調整的色調，按滑鼠兩下於其縮圖上，可以
重新進入視窗調整影像。

按滑鼠兩下於縮
圖上，即可顯示
原編輯視窗

另外，在調整圖層中也可以再加入圖層遮色片，只要按右鍵於圖層的遮色片上，執行「增加圖層遮色片到選取範圍」指令，就能編輯遮色片的變化。

1

❶ 按右鍵於遮罩

執行「增加圖層 ❷ 遮色片到選取範圍」指令

2

選用「漸層工具」， ❷ 設定為黑至白的漸層，至頁面上拖曳出漸層方向

調整前後的影像色彩 ❸ 可結合在一起

❶ 點選遮罩的縮圖

11-5 範例實作—掌中戲海報設計

完成畫面

學習目標

這個範例主要練習「圖層樣式」、「圖層遮色片」、「填色或調整圖層」等功能的整合運用。利用兩張圖片來整合出如圖的海報效果。

來源檔案

步驟說明

首先我們將「圖 2.jpg」的百葉窗影像複製到「圖 1.jpg」圖檔中，再利用「增加圖層遮色片」功能來融合兩張影像。

❷ 執行「編輯／拷貝」指令

❶ 開啟「圖 2.jpg」的百葉窗影像，並全選整張影像

2

執行「編輯/貼上」指令❷，使形成獨立的圖層

❶ 切換到「圖1.jpg」圖檔上

3

執行「編輯/變形/縮放」指令，將百葉窗縮放成如圖的比例大小

4

點選「漸層工具」❷

❸ 設定如圖的漸層方式

❹ 由中間向右側做出如圖的漸層效果

❶ 按此鈕使新增圖層遮色片

接下來我們要針對背景影像的布袋戲做色相/飽和度的調整，再利用圖層遮色片功能，使上下兩層的色調能漸變地顯現出來，以便豐富海報的色彩。

1

點選「背景」
圖層 ❶

❸ 選擇「色相
/ 飽和度」
指令

❷ 按下「建立
新填色或調
整圖層」

2

由此調整色
相，使顯現
如圖的色調

3

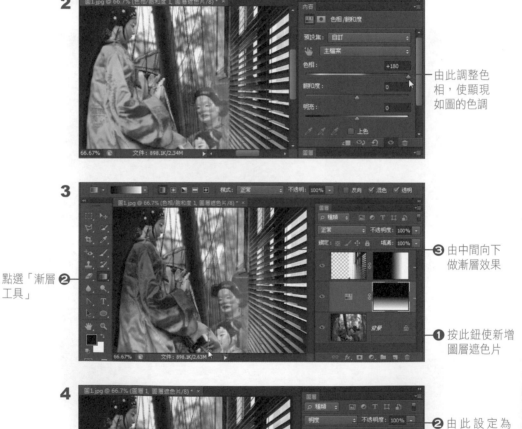

點選「漸層 ❷
工具」

❸ 由中間向下
做漸層效果

❶ 按此鈕使新增
圖層遮色片

4

❷ 由此設定為
明度，如此一
來影像的融
合效果更佳

❶ 再點選百葉
窗的縮圖

底圖設定完成後，最後利用「垂直文字工具」輸入標題字，再利用「圖層樣式」功能讓標題字更明顯，輸入相關資訊，即可完成海報的設計。

❸ 由選項上設定字體、大小、與顏色

❷ 在頁面上輸入「掌中戲」等字

點選「垂直文字工具」❶

❷ 選擇「筆畫」

按下「增加圖層樣式」鈕 ❶

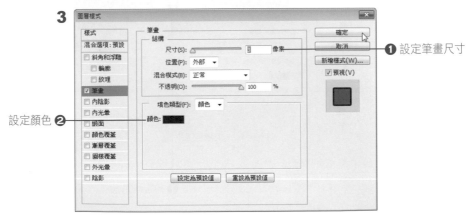

❶ 設定筆畫尺寸

設定顏色 ❷

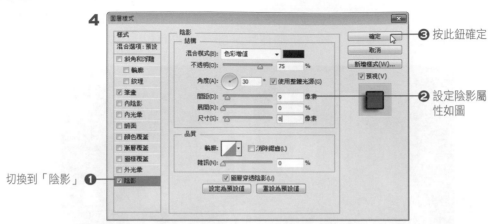

4

切換到「陰影」 ❶

❸ 按此鈕確定

❷ 設定陰影屬
性如圖

5

以文字工 ❶
具再輸入
相關資訊

❷ 按「增加圖
層 樣 式 」
鈕，並選擇
「筆畫」

6

❷ 按此鈕確定

❶ 設定筆畫尺寸

7

顯示完成的畫面效果

是非題

1. (　　　)「新增填滿圖層」只能作漸層色或圖樣的填滿，無法作單一色調的填滿效果。

2. (　　　) 圖層混合模式主要作用是讓作用的圖層與其下方的影像產生混合的效果。

3. (　　　) 針對遮色片的刪除，只能在「色版」面板中作處理，無法由圖層功能表來刪除。

4. (　　　) 使用「新增填滿圖層」的功能時，它會自動變成獨立的圖層，不會動到原來的影像。

5. (　　　) 加入填滿圖層的效果後，還可以按滑鼠兩下於 🖼 縮圖上，重新編修色彩。

6. (　　　) 按滑鼠右鍵於圖層遮色片，可關閉或啟動圖層遮色片。

7. (　　　) 使用遮色片的好處是，可以利用遮罩把不想顯現的地方遮蓋起來。

8. (　　　)「圖層 / 新增調整圖層」功能與「影像 / 調整」完全相同，所以影像色彩一經調整後，無法重新修正。

選擇題

1. (　　　) 要讓黑白線稿不做去背的處理，即可顯示背景層中的手繪圖形，可以將圖層的混合模式設為：

      A. 正常　　　　　　　　　　B. 溶解

      C. 色彩增值　　　　　　　　D. 小光源

2. (　　　) 下列哪種圖層混合方式，可以產生色調分離的影像效果？

      A. 實色疊印混合　　　　　　B. 溶解

      C. 色彩增值　　　　　　　　D. 排除

3. (　　　) 按右鍵於圖層遮色片上，可以執行下列何種動作？

      A. 關閉圖層遮色片　　　　　B. 增加遮色片至選取範圍

      C. 套用圖層遮色片　　　　　D. 以上皆可

實作練習題

1. 學習目標：影像結合技巧

   練習說明：請分別利用「Delete」鍵方式、橡皮擦工具、遮色片等三種方式，將如圖的兩個接環完美的串接在一起

   圖檔來源：習作 1.psd

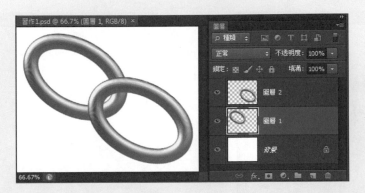

   完成檔案：習作 1ok.psd

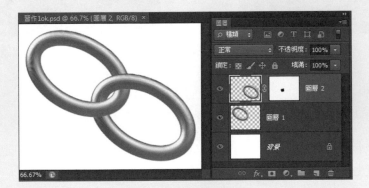

   步驟說明：

   （1）「Delete」鍵方式：先以選取工具選取接合處，按「Delete」鍵就可刪除。

   （2）橡皮擦工具：直接擦除接合地方。

   （3）遮色片：選取接合處，反轉選取區後，按下「增加圖層遮色片」鈕建立遮罩。

2. 學習目標：加入圖樣填滿效果

練習說明：請將教堂的背景，以「新增填滿圖層」功能，填入「彩色紙張」
中的「葉子」圖樣，而完成如右下圖的結果

圖檔來源：習作 2.psd

完成檔案：習作 2_ok.psd

原影像

背景填滿「彩色紙張」的葉子圖樣

步驟說明：

（1）以「魔術棒工具」選取背景部份。

（2）執行「圖層 / 新增填滿圖層 / 圖樣」指令，並勾選「使用上一個圖層
　　　建立剪裁遮色片」選項。

（3）下拉選擇「彩色紙張」的類別，並縮放為「150」%。

3. 學習目標：影像合成技巧 - 水淹人行道

練習說明：練習運用圖層遮罩來快速建立影像合成，利用「增加圖層遮色
片」功能，將圖中的水波與街景，合成水鄉澤國的效果。

圖檔來源：習作 3.psd

完成檔案：習作 3ok.psd

步驟說明：

（1）開啟練習檔案「習作 3.psd」，裡面已經包含街景與水波的兩個影像圖層。

（2）點選水波的圖層，按下「增加向量圖層遮色片」鈕，使建立空白的圖層遮色片。

（3）點選「漸層工具」，設定為線性、黑白漸層，由中間往左下方先建立漸層，使水波能佈滿人行道，並沿著透視線行走。

（4）按右鍵於遮色片上，執行「增加遮色片至選取範圍」指令，使選取到水波，再從右邊的牆壁往下建立漸層。

（5）執行「選取 / 取消選取」指令，就可以看到水淹人行道的畫面。

12 色版的處理

 **學習指引**

在 **Photoshop** 中,色版的使用是相當的廣泛,舉凡前一章所介紹的圖層遮色片,就是與色版息息相關。了解色版的加入方式與使用技巧,就能讓各位的創意隨心所欲的發揮出來,因此在這裡我們一起來探討。

Photoshop CS6

12-1　認識色版浮動面板

所謂的「色版」是將影像根據其顯示的色彩模式，而將各色彩以灰階顏色儲存在不同色版中，另外加上一個各色所組成的色版。因此，以 RGB 模式為例，色版浮動面板就會看到 RGB、紅、綠、藍共四個色版。

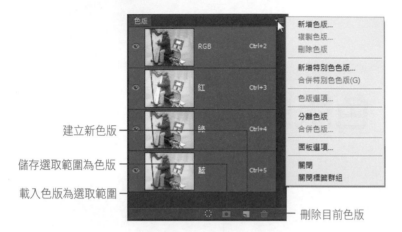

每個色版都是灰階，透過  控制該色版的顯現與否，當各位按於某個色版上，就可以個別調整該色版，如果選擇「RGB」的色版，則會同時修正紅、綠、藍三個色版。每個色版雖以灰階顯示，事實上這灰階是代表該色版的明暗度，若是只開啟兩個色版，就可看到兩色混合後的色彩。

12-2 色版的編輯

❖ 12-2-1 加入色版

Photoshop 中加入色版的方法有很多,如前一章節我們以「增加圖層遮色片」功能,或是「使用上一個圖層建立剪裁遮色片」所建立的遮色片,都會紀錄於色版浮動視窗中,如圖示:

在圖層上所加入的遮色片,也會記錄於色版浮動面板中

如果要在色版浮動面板中加入新的色版,只要由視窗右上角下拉選擇「新增色版」指令,然後在遮色片上繪製所需的圖形就行了。

❖ 12-2-2 色版範圍的增減

在使用色版時,如果有兩個以上的色版,可以透過增加、減去、或相交的方式,讓色版的組合更有變化。

由色版浮動面板下方按下「建立新色版」鈕,使建立新色版

2

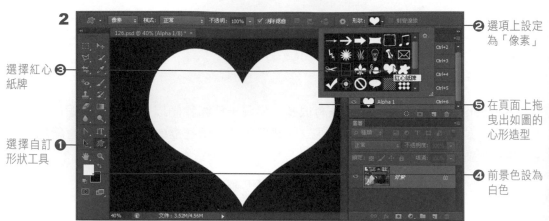

選擇自訂 ❶
形狀工具

選擇紅心 ❸
紙牌

❷ 選項上設定
為「像素」

❺ 在頁面上拖
曳出如圖的
心形造型

❹ 前景色設為
白色

3

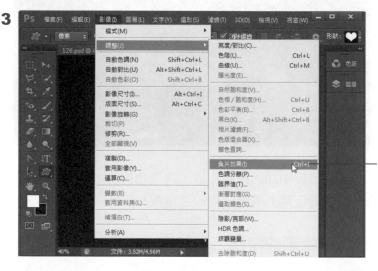

執行「影像 /
調整 / 負片效
果」指令，
可將黑白區
域反轉過來

4

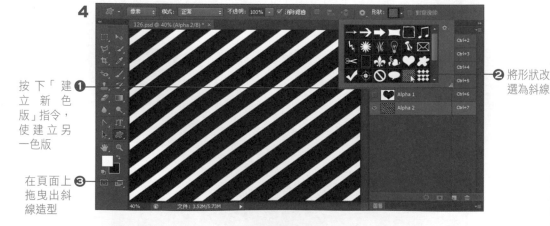

按下「建
立 新 色 ❶
版」指令，
使建立另
一色版

在頁面上 ❸
拖曳出斜
線造型

❷ 將形狀改
選為斜線

5

❶ 切換回
「RGB」
色版

❷ 加按「Ctrl」
鍵於「Alpha
1」色版縮
圖，使轉為
選取區域

6

執行「選取 / 載 ❶
入選取範圍」指
令，使進入如圖
視窗

❹ 按「確定」鈕離開

❷ 選取「Alpha 2」色版

❸ 操作設為「由選
取範圍減去」

7

按此鈕可以將
選取區域轉為
Alpha3 色版

12-5

8

按此設定 **②**
前景顏色

① 按此鈕新增
空白圖層

9

按「Alt」+「Backspace」
鍵即可填入前景的粉紅色

12-3 活用色版

❖ 12-3-1 新增特別色版

所新增的色版，事實上對於影像畫面並沒有任何的影響，必須配合其他的調整功能或濾鏡設定，再加上色版的相加減，才能做出各種特效。尤其是在 Photoshop 有了「圖層樣式」功能之後，將許多必須透過色版才能做到的效果，只要簡單的調整選項，就能輕鬆完成浮雕、光暈、斜角…等變化，對於現在的使用者來說，可真是一大福音。

另外，色版浮動面板中有一項「新增特別色版」的功能，此功能可為影像加入特別色或做局部上光的效果。只要先選定要加入特別色的區域範圍，再由浮動

面板中執行「新增特別色色版」指令，就可以在如下視窗裡設定顏色及色彩的深淺。

1

以選取工具選取白色建築物的區域範圍 ❶

❷ 開啟色版，按下此鈕

❸ 執行「新增特別色色版」指令

2

按下色塊

3

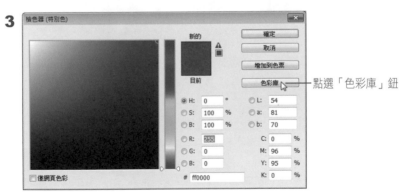

點選「色彩庫」鈕

4

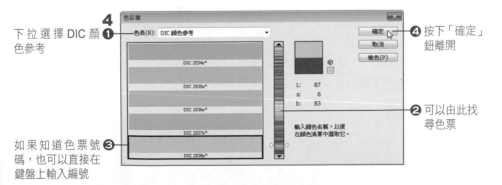

下拉選擇 DIC 顏色參考 ❶

如果知道色票號碼，也可以直接在鍵盤上輸入編號 ❸

❹ 按下「確定」鈕離開

❷ 可以由此找尋色票

5

這裡自動顯示色票名稱 — 名稱：DIC 2538s*

設定實色的百分比 ❶ — 顏色： 實色(S): 0 ％

❷ 按此鈕確定

油墨特性

6

瞧！原白色的
建築物已加入
DIC 2538s* 的
特別色

如果要將特別色也混入各色版中，只要點選特別色的色版，再執行「合併特別色色版」指令就行了。

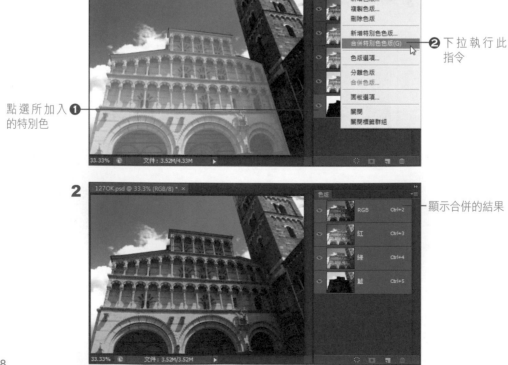

1

點選所加入 ❶
的特別色

❷ 下拉執行此
指令

2

顯示合併的結果

❖ **12-3-2 色版的分離與合併**

影像既然是數個色版所組合而成的,當然色版可以加以分離或合併。要將色版分離或組合,可直接從「色版」右上角做選擇。分離後的色版,還可以在刪除特定色版後,再進行合併的動作,而合併後,影像色彩模式會自動轉變成「多重色版」的模式。

❶ 按此鈕

❷ 由此可以
選擇分離

瞧!色版分離成
紅、綠、藍色
(三個檔案)

12-4 範例實作:以色版製作浮雕字體

現在的美術設計人員想要製作浮雕字,都可以輕鬆由「圖層樣式」的功能快速做到,但是在早期的時候,則都必須透過色版作增減的處理,以及各種濾鏡功能才能做出。這裡就讓各位體會一下,如何透過色版與濾鏡的功能,作出木板上的浮雕字效果。

完成畫面

步驟說明

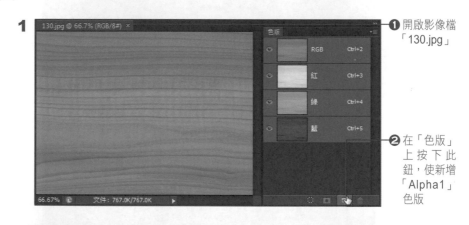

1

❶ 開啟影像檔
「130.jpg」

❷ 在「色版」
上按下此
鈕，使新增
「Alpha1」
色版

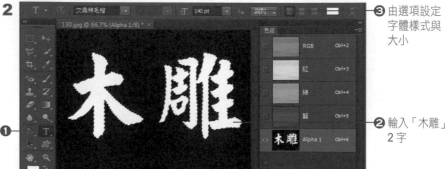

2

❸ 由選項設定
字體樣式與
大小

選用「水平 ❶
文字工具」

❷ 輸入「木雕」
2 字

3

取消文字❷
選取狀態

❶ 拖 曳「Alpha 1」色版到此鈕中，使複製該色版

4

執行「影像 / 調整 / 負片效果」指令，使黑白顛倒

5

加按「Ctrl」鍵點選複製的色版，使選取白色的背景

6

執行「濾境 / 模糊 / 高斯模糊」指令，使進入此視窗 ❶

❸ 按此鈕確定

將強度設為「4.5」 ❷

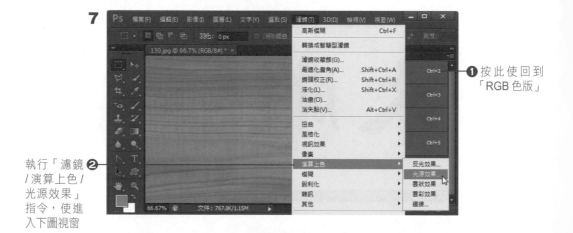

7

❶ 按此使回到「RGB 色版」

執行「濾鏡 / 演算上色 / 光源效果」指令，使進入下圖視窗 ❷

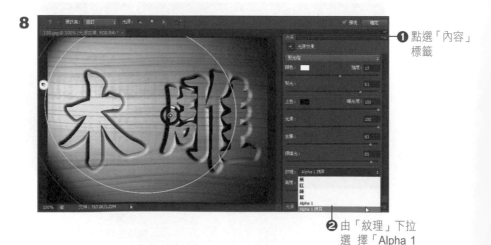

8

❶ 點選「內容」標籤

❷ 由「紋理」下拉選擇「Alpha 1 拷貝」的色版

9

❹ 設定完成按此鈕確定

❷ 由上方可增加光源

❶ 切換到「光源」標籤

❸ 預視窗則可設定光的位置、明暗度和縮放長度

10

顯示完成的浮雕效果

是非題

1. (　　　) 色版是以灰階顯示，主要代表色版的明暗度。

2. (　　　) 透過色版浮動面板，可以控制只顯示 1 個、2 個、或 3 個色版混合後的效果。

3. (　　　) 在圖層上增加圖層遮色片時，色版浮動面板中也會看到自訂的色版。

4. (　　　) 使用兩個以上的色版時，可以透過增加、減去、或相交的方式來處理色版。

5. (　　　) 在色版中新增特別色後，無法與原先的色版再作混合。

6. (　　　)「新增特別色版」的功能，可為影像加入特別色或做局部上光的效果。

7. (　　　) 在 RGB 模式下，色版浮動面板會看到 4 個色版。

選擇題

1. (　　　) 對於色版的說明，下列何者不正確？

　　　A. 色版可以可允許個別調整

　　　B. CMYK 色彩的影像，通常會有 4 個色版

　　　C. 圖層中的遮色片，也可以在「色版」浮動視窗中出現

　　　D. 圖層樣式中的各種效果，有很多都必須透過遮色片的處理才能完成

2. (　　　) 下面哪個功能鈕，可以載入色版為選取範圍？

　　　A. 　　　　　　　　　　　B.

　　　C. 　　　　　　　　　　　D.

3. (　　　) 下面哪個功能鈕，可以新增新的色版？

　　　A. 　　　　　　　　　　　B.

　　　C. 　　　　　　　　　　　D.

4. (　　　) 影像的色版若經過分離或合併後，其影像的色彩模式會以何種模式呈現？

A. RGB 色版　　　　　　　　B. CMYK 模式

C. 多重色版　　　　　　　　D. 依使用者決定

5. (　　　) 在 CMYK 模式下，色版浮動面板會看到幾個色版？

A. 6 個　　　　　　　　　　B. 5 個

C. 4 個　　　　　　　　　　D. 3 個

實作練習題

1. 學習目標：特別色設定

練習說明：請將下圖中的建築物設定為「DIC2010s」的特別色。

圖檔來源：習作 1.jpg

完成檔案：習作 1ok.psd

步驟提示：

（1）使用選取工具，使選取建築物區域。

（2）開啟色版浮動面板，由右上角處下拉選擇「新增特別色色版」指令，
由色塊中進入檢色器，按下「彩色庫」，找到「DIC2010s」的色票，
並設定實色設為 0%。

13 特效濾鏡

 **學習指引**

Photoshop 的濾鏡是大多數設計者的最愛，因為透過濾鏡的使用，能為平淡的影像加入各種的紋理效果、材質變化、藝術風、變形扭曲…，讓影像輕鬆就能吸引觀賞者的目光，因此此章節中我們將探討各種濾鏡的所呈現出來的效果。

Photoshop CS6

13-1 濾鏡使用技巧

❖ 13-1-1 濾鏡分類

當各位點選「濾鏡」功能表時,通常會看到如下的選單。

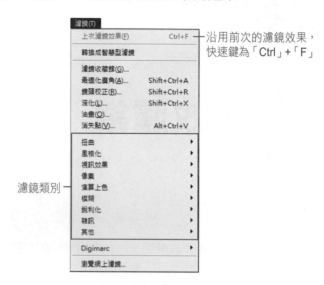

沿用前次的濾鏡效果,
快速鍵為「Ctrl」+「F」

濾鏡類別

「濾鏡」功能表下方主要包括 10 個類別,類別右側的三角形鈕還提供相關的
效果可供選用。如果已經使用過某種濾鏡特效,想要再度使用它,可直接按快
速鍵「Ctrl」+「F」,上方則包括轉換成智慧型濾鏡、濾鏡收藏館、最適化廣角、
鏡頭校正、液化、油畫、消失點等七項。

❖ 13-1-2 轉換成智慧型濾鏡

「濾鏡 / 轉換成智慧型濾鏡」可以在不破壞原影像的
狀態下,讓使用者新增、調整和移除影像的濾鏡。
這樣的轉換功能,對於設計師來說,可說是一大福
音,因為不必為了保留原先影像而必須另存影像。

當使用者執行「濾鏡 / 轉換成智慧型濾鏡」指令後,
它會將選定的圖層轉換成智慧型物件,同時會在圖層
縮圖的右下角標示了 🔲 的圖示。

表示此圖層為智慧型物件

在加入「濾鏡」功能表中的濾鏡效果後，如果事後想要回復原先的影像風貌，只要將智慧型濾鏡的眼睛圖示關掉，就一切搞定了。

加入濾鏡效果時，圖層顯示的狀況

關掉眼睛圖示，原先加入的濾鏡效果就會被隱藏

❖ 13-1-3 濾鏡收藏館

使用「濾鏡收藏館」可以更改濾鏡的設定，能同時重複套用多個濾鏡，甚至可以重新排列濾鏡執行的先後順序，使達到想要得到的效果。執行「濾鏡 / 濾鏡收藏館」指令，將看到如圖的視窗：

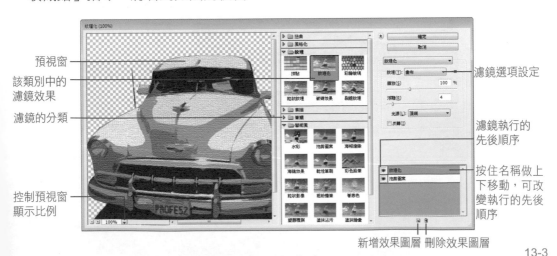

預視窗

該類別中的濾鏡效果

濾鏡的分類

控制預視窗顯示比例

濾鏡選項設定

濾鏡執行的先後順序

按住名稱做上下移動，可改變執行的先後順序

新增效果圖層　刪除效果圖層

濾鏡收藏館包括扭曲、風格化、紋理、素描、筆觸、藝術風等六種濾鏡類別。先從類別中選定某一濾鏡效果後，右下方會自動加入該項濾鏡名稱，同時右側也會顯示細項設定讓各位做調整。如果要加入第二項濾鏡效果，則請先按「新增效果圖層」 🔳 鈕，再選擇所要使用的濾鏡縮圖，而 👁 則是控制該項濾鏡的顯示與否。

❖ 13-1-4 最適化廣角

「最適化廣角」是 CS6 版本新增的功能，可以將全景照或以魚眼和廣角鏡頭拍攝之照片中的彎曲線條迅速拉直。此濾鏡使用各別鏡頭的物理特性，自動校正影像。執行「濾鏡 / 最適化廣角」指令後，將進入如下的視窗，請利用左側的「限制工具」 🔧 和「多邊形限制工具」 🔷 來調整影像的彎曲線條。

限制工具 🔧

按一下影像或拖曳端點以增加或編輯限制。若加按「Shift」鍵按一下滑鼠，可增加水平或垂直的限制；而加按「Alt」鍵則可刪除限制。

多邊形限制工具 🔷

按一下影像或拖曳端點以增加或編輯多邊形限制，加按「Alt」鍵可刪除限制。

1

下拉選擇「透視」

2

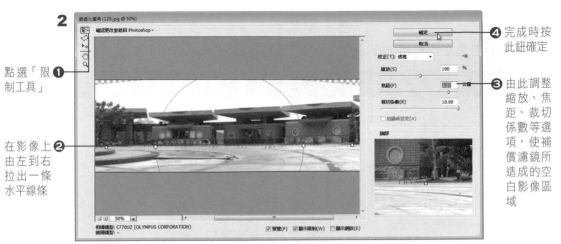

點選「限制工具」**①**

在影像上**②**由左到右拉出一條水平線條

④ 完成時按此鈕確定

③ 由此調整縮放、焦距、裁切係數等選項，使補償濾鏡所造成的空白影像區域

❖ 13-1-5 鏡頭校正

「鏡頭校正」功能主要用來校正鏡頭扭曲、色差或暈映的效果。執行「濾鏡／鏡頭校正」指令，各位將看到如下的視窗畫面。

標籤頁切換

預覽視窗

工具按鈕

左側的工具按鈕包括如下幾項：

按鈕圖示	工具名稱	說明
	移除扭曲工具	由外向中央拖曳或由中央向外拖曳，即可校正扭曲。
	拉直工具	繪製一條直線，將影像朝新的水平軸或垂直軸拉直。
	移動格點工具	以拖曳方式移動對齊格點。
	手形工具	以拖曳方式在視窗中移動影像。
	縮放顯示工具	在影像上方按一下或拖曳，即可放大影像。若要縮小，可加按 Alt 鍵。

標籤頁

標籤頁裡包含「自動校正」與「自訂」兩個標籤。「自動校正」可以使用影像檔的 EXIF 資料，然後根據使用的相機與鏡頭類型來進行精確的調整。而「自訂」標籤頁則可針對扭曲、色差、暈映、變形等內容進行個別的調整。

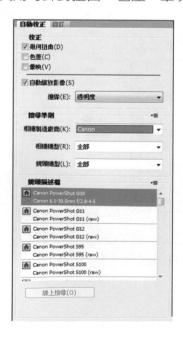

❖13-1-6 液化

「液化」可以製作出扭轉、推擠或膨脹的效果。執行「濾鏡 / 液化」指令，將會看到如圖的視窗：

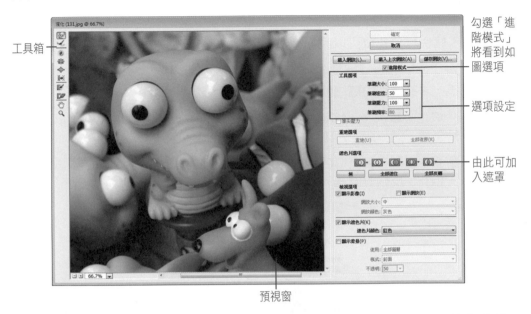

工具箱

勾選「進階模式」將看到如圖選項

選項設定

由此可加入遮罩

預視窗

在 CS6 的版本中，Photoshop 已將視窗畫面作簡化，若各位勾選「進階模式」，則會看到如上的畫面。這裡我們針對進階模式的畫面做說明。

工具箱

左側的工具箱包括 10 項工具，由上而下依序說明如下：

■ 向前彎曲工具 ：依據滑鼠拖曳方向來產生變形

■ 重建工具 ：將已變形的區域還原成原來的風貌

■ 順時針扭轉工具 ：以順時針方向將影像做漩渦狀的變形

■ 縮攏工具 ：由外向內將影像擠壓變形

■ 膨脹工具 ：將影像由內向外推擠變形

■ 左推工具 ：依據滑鼠拖曳方向往垂直方向移動

■ 凍結遮色片工具 ：可增加遮色片範圍，以防止影像的變形

■ 解凍遮色片工具 ：可減少遮色片範圍

- 手形工具 ：可平移預視窗中的影像

- 縮放顯示工具 ：可放大預視窗中的影像

利用前面的 6 項工具，便可以直接在預視窗中，為影像做扭曲變形的處理。如果有些區域不想被變形到，可以利用遮色片的功能來加以保護。

想要加入遮色片，各位可以利用以下幾種方式來處理：

- 在執行「液化」指令前，先以選取工具圈選要做變形的區域，進入「液化」視窗後，未被選取的區域就會以遮色片遮住

- 進入「液化」視窗後，透過「凍結遮色片工具」繪製遮色片範圍，以「解凍遮色片工具」減少遮色片區域

- 如果畫面中已存有圖層遮色片或增加的色版，可由「遮色片選項」中做增加、減去、相交、反轉等處理。

了解液化的視窗選項後，接著我們透過以下的範例來為各位做解說。

開啟影像檔，
執行「濾鏡 /
液化」指令

2

點選「向
前彎曲工
具」

在眼珠處
塗抹,使
眼珠變大

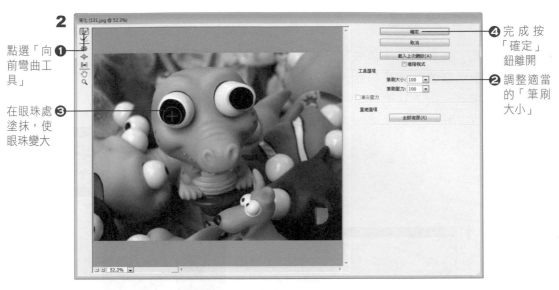

❹ 完成按
「確定」
鈕離開

❷ 調整適當
的「筆刷
大小」

❖ **13-1-7 油畫** 新增功能

「濾鏡 / 油畫」是 CS6 新增的功能,可以輕鬆呈現經典油畫的外觀。使用時,
只要在視窗右側利用滑鼠調整筆刷和光源的選項,即可由預視窗中看到設定的
結果。

❖ 13-1-8 消失點

「消失點」能透過不同消失點的
控制，讓影像的貼圖更符合人類
視覺的感受。以下我們就以材質
圖案與 3D 所完成的沙發，來為
各位作示範說明。

1

以「魔術
棒」工具選
取背景白
色，並執行
「選取／反
轉」指令，
使改選圖形 ❶

❷ 執行「編輯
／拷貝」及
「編輯／貼
上」指令，
使形成新的
圖層

2

開啟材質圖樣，執行「選取／全部」指令，
使全選材質，再執行「編輯／拷貝」指令，
使拷貝圖樣

3

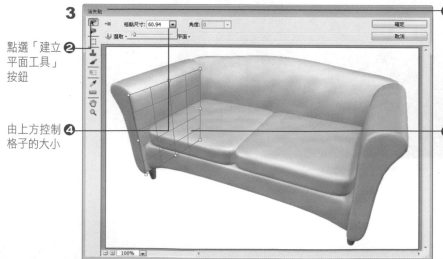

點選「建立 ❷
平面工具」
按鈕

由上方控制 ❹
格子的大小

❶ 切換回到沙
發的圖檔，
執行「濾鏡
／消失點」
指令，使進
入如圖視窗

❸ 在沙發上
點出如圖
的四個
點，使形
成如圖的
平面

4

執行「編輯 /
貼上」指令，
將材質貼入視
窗中

5

如果需要旋轉
或縮放材質，
可以使用「變
形工具」鈕 ❷

❶ 將左上角的材
質圖樣移入藍
色區塊之中，
而加按「Alt」
鍵並移動滑
鼠，可以複製
該圖樣，同時
將材質圖樣拼
貼起來

6

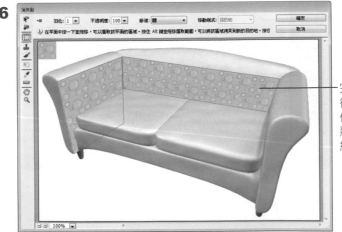

完成該面的貼圖
後，依序繪製其
他面，同時繼續
將材質圖樣貼入
網格中

7

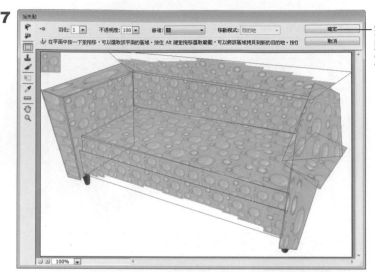

完成所有面的
貼圖後,按「確
定」鈕離開

8

從「圖層」
面板上更改
適當的混合
模式,使顯
現如圖

9

選用「橡皮擦工具」❶

❷ 將沙發以外的
多餘部分擦
除,即可完成
貼圖的工作

❖ 13-1-9 扭曲

「濾鏡／扭曲」著重於影像的扭轉、傾斜、漣漪、內縮／外擴、旋轉⋯等變形處理，使用過度時，將看不出影像原來的風貌。

原圖（134.jpg）

內縮和外擴

扭轉效果

波形效果

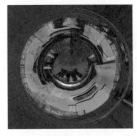

旋轉效果

移置（載入 PSD 檔）

魚眼效果

傾斜效果

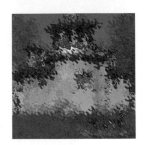

漣漪效果

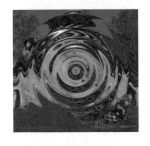

鋸齒狀

❖ 13-1-10 風格化

「濾鏡 / 風格化」可以創造出浮雕、錯位分割、擴散、輪廓描圖…等特殊風格的效果。

原圖（135.jpg）

突出分割（區塊）

突出分割（金字塔）

風動效果

浮雕

找尋邊緣

輪廓描圖

錯位分割

擴散

曝光過度

❖ 13-1-11　視訊效果

「濾鏡／視訊效果」包括 NTSC 色彩及反交錯兩個選項。「NTSC 色彩」主要將電腦影像轉換成視訊設備可以接受的色彩範圍；而「反交錯」是將視訊設備擷取下來的影像所產生的掃描線加以消除。

❖ 13-1-12　像素

「濾鏡／像素」包含了多面體、彩色網屏、馬賽克、結晶化…等類的粒狀的效果，讓畫面變得較粗糙些，運用此濾鏡，可作為背景處理或質感的表達。

原圖（136.jpg）

多面體

馬賽克

彩色網屏

殘影

結晶化

網線銅版

點狀化

❖ 13-1-13　演算上色

「濾鏡 / 演算上色」可以自動產生像雲彩或光源、反光等的濾鏡效果，是製作特效時，最容易被採用的的項目之一。

原圖（137.jpg）

反光效果

光源效果

雲狀效果

（與前背景設定有關）

雲彩效果

（與前背景設定有關）

纖維

（與前背景設定有關）

❖ 13-1-14　模糊

「濾鏡 / 模糊」主要讓影像變得較模糊些，諸如：形狀模糊、方框模糊、表面模糊…等，讓模糊的變化更多樣。於 CS6 的版本中，新增了景色模糊、光圈模糊、傾斜位移三種模糊效果，此三種效果可以迅速建立三種不同的攝影模糊效果，並可以直接在影像上直接觀看或作控制。而使用「光圈模糊」可將一或多個焦點加入相片中，在影像上可直接改變焦點的尺寸和形狀，相當地方便。其使用方式如下：

1

開啟影像檔 ❶

❷ 執行「濾鏡
/ 模糊 / 光圈
模糊」指令

2

❷ 拖曳此控制
點可以改變
焦點的形狀

按住中間不 ❶
放，可以拖曳
方式來改變光
圈的位置

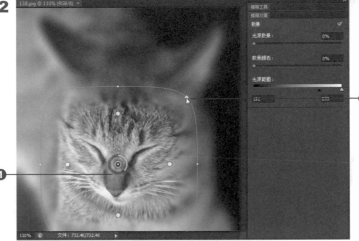

3

❶ 在此按一
下，可增加
另一個焦點

❷ 拖曳此處，
使改變焦點
形狀

13-17

4

以同樣方
式可增設
多個焦點 ❶

❷ 設定完成，
按此鈕或
「Enter」鍵
使確認模糊

5

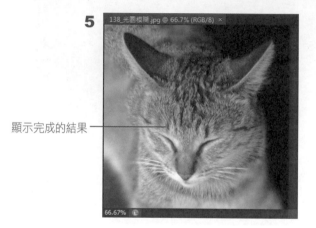

顯示完成的結果

除了新增的景色模糊、光圈模糊、傾斜位移三種模糊效果可利用直觀方式或利
用右側的面板做設定外，其餘的模糊效果大致如下。

原圖（138.jpg）

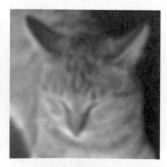

方框模糊

平均

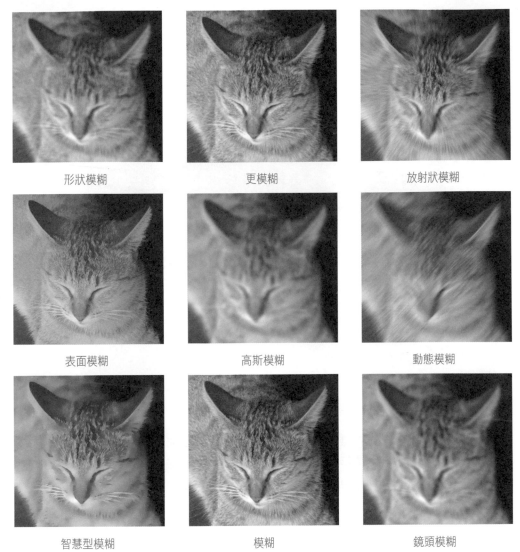

形狀模糊　　　　　　　更模糊　　　　　　　放射狀模糊

表面模糊　　　　　　　高斯模糊　　　　　　　動態模糊

智慧型模糊　　　　　　　模糊　　　　　　　鏡頭模糊

❖ 13-1-15　銳利化

「濾鏡 / 銳利化」能將影像輪廓變銳利，因此，所拍攝的影像如有對焦不準的情形，可以使用這類功能來加以調整。諸如「智慧型銳利化」的濾鏡特效，不但可以改善邊緣的細節，還可以有效控制陰影與光亮區域的銳利程度，甚至還可以設定移除高斯模糊、鏡頭模糊或動態模糊的類型，可說是相當進階的設定。

原圖（139.jpg）

更銳利化

智慧型銳利化

遮色片銳利化調整

銳利化

銳利化邊緣

❖ 13-1-16 雜訊

「濾鏡 / 雜訊」用來增加雜訊或去除斑點和刮痕，諸如，夜拍影像上的雜點或是掃描影像上的網點，都可以使用去除斑點的功能加以去除。除此之外，此類別中也提供了「減少雜訊」的功能，不但可以減少在弱光下或高 ISO 值情況下所顯現的雜點，還提供更多細節的設定，諸如：色版的選擇、減少 JPEG 圖檔因過度壓縮所形成的雜訊…等，各位不妨嘗試看看。

原圖（140.jpg）

中和

去除斑點

污點和刮痕

減少雜訊

增加雜訊

❖ 13-1-17 其他

「濾鏡 / 其他」將不易分類的特效或需自行設定的效果歸類於此。

原圖（141.jpg）

自訂

最大

最小

畫面錯位

顏色快調

❖ 13-1-18 Digimarc

「濾鏡 / Digimarc」底下包含「嵌入浮水印」及「讀取浮水印」兩項指令。這主要在保護智慧財產權所做的功能。嵌入浮水印能在影像中加入浮水印編號，不過必須連結至 http://www.digimarc.com/register 網站註冊，才能替影像加入數位浮水印。而讀取浮水印則是讀取影像中的浮水印資料。

13-2 靈活運用濾鏡

❖ 13-2-1 淡化濾鏡效果

對於所執行的濾鏡特效，各位可以透過「編輯 / 淡化」指令來加以淡化效果，配合它的不透明控制與模式的選擇，就能產生不錯的效果。

1

開啟影像檔案，執行「濾鏡 / 模糊 / 高斯模糊」指令

2

設定模糊的強度 ❶

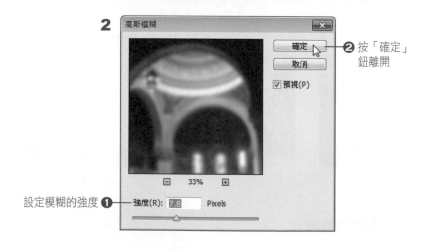

❷ 按「確定」鈕離開

3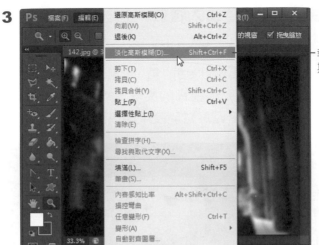

執行「編輯 / 淡化高
斯模糊」指令

4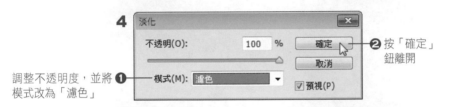

❷ 按「確定」
鈕離開

調整不透明度,並將 ❶
模式改為「濾色」

5

畫面有如加了
柔焦鏡的效果

❖ 13-2-2 設定局部範圍加入特效

在使用濾鏡特效時，不一定要整張畫面都加入效果，最好只針對重點的部位來
處理，這樣才能吸引目光。諸如：飛翔的鳥、奔馳的汽車、運動員在奔跑…等，
都讓主角清楚，而背景加入動態模糊的處理，這樣就可以讓觀看者感受到動
感。加入特效時，如果能配合圖層透明度來加以調整，通常效果會更自然喔！

1

開啟影像檔 ❶

❸ 設定適當的羽化

❷ 使用選取工具

❹ 將主題圈選起來

2

執行「選
取 / 反轉」
指令，使
改選背景
部份 ❶

❷ 執行「編輯
/ 拷貝」及
「編輯 / 貼
上」指令，
使背景影像
複製到新的
圖層上

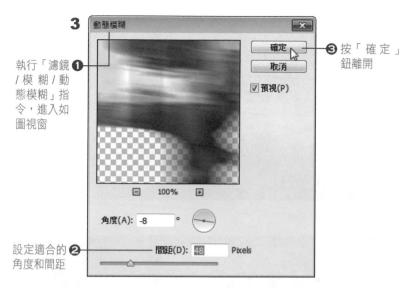

3 動態模糊

❶ 執行「濾鏡／模糊／動態模糊」指令，進入如圖視窗

❷ 設定適合的角度和間距

角度(A): -8 °

間距(D): 48 Pixels

❸ 按「確定」鈕離開

確定
取消
☑ 預視(P)

4 143.jpg @ 33.3%(圖層 1, RGB/8) *

❷ 瞧！兼顧影像主體與動感

正常　　　　不透明度: 72%

鎖定:

圖層 1

背景

❶ 調整圖層的透明度

33.33%　　文件: 3.52M/8.02M

❖ 13-2-3　使用特效處理邊框

如果不想破壞影像主體，將特效應用在影像邊框也是不錯的選擇。諸如：漣漪效果、海浪效果、波形效果、潑濺、噴灑…等，都能產生不錯的邊框，若能搭配圖層樣式，效果就更加吸引人。

1

開啟圖層浮動
視窗，將背
景圖層拖曳
到「建立新圖
層」鈕中，使
複製該圖層

2

點選背景圖
層，按「Ctrl」
+「A」鍵使
全選背景 ❶

❷ 將背景圖層
填入白色

3

以矩形選取畫 ❷
面工具選取矩
形區域，執行
「選取/反轉」
指令，使改選
外圍部份，再
按「Delete」
鍵加以刪除

❶ 切換到上層
影像

4

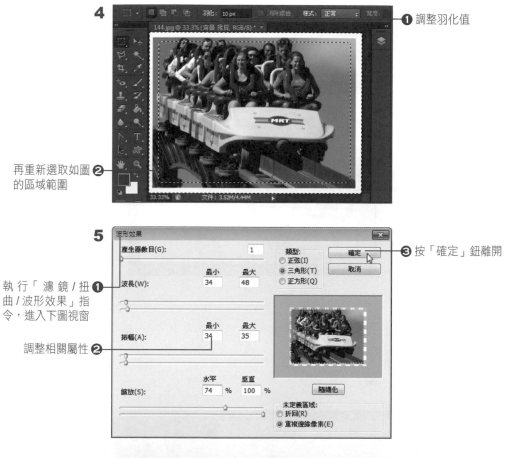

● 調整羽化值

再重新選取如圖 ❷
的區域範圍

5

執行「濾鏡/扭
曲/波形效果」指
令，進入下圖視窗 ❶

調整相關屬性 ❷

波形效果

產生器數目(G): 1

最小　　最大
波長(W): 34　　48

最小　　最大
振幅(A): 34　　35

水平　　垂直
縮放(S): 74 %　100 %

類型:
○ 正弦(I)
◉ 三角形(T)
○ 正方形(Q)

確定

取消

隨機化

未定義區域:
○ 折回(R)
◉ 重複邊緣像素(E)

❸ 按「確定」鈕離開

6

完成邊框處理

13-3　範例實作—製作金絲銅線字體

完成畫面

學習目標

在這個範例中,我們將練習濾鏡的應用,透過各種指令的整合使用,來製作出金絲銅線的字體效果。

步驟說明

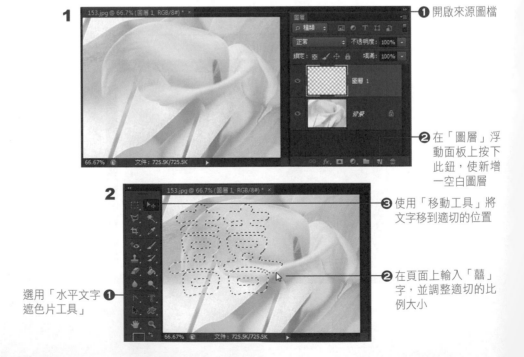

❶ 開啟來源圖檔

❷ 在「圖層」浮動面板上按下此鈕,使新增一空白圖層

❸ 使用「移動工具」將文字移到適切的位置

❷ 在頁面上輸入「囍」字,並調整適切的比例大小

選用「水平文字遮色片工具」❶

3

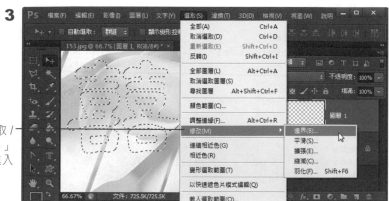

執行「選取 /
修改 / 邊界」
指令，使進入
下圖視窗

4

輸入寬度值為「6」❶　❷按下「確定」
鈕離開

5

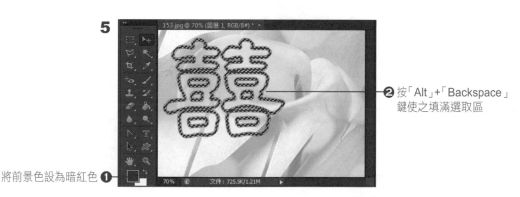

❷按「Alt」+「Backspace」
鍵使之填滿選取區

將前景色設為暗紅色❶

6

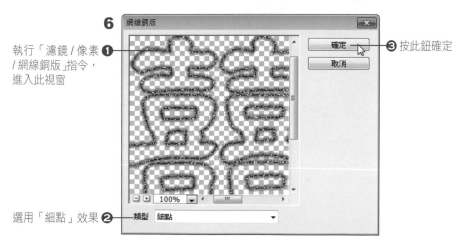

執行「濾鏡 / 像素
/ 網線銅版」指令，❶
進入此視窗

❸按此鈕確定

選用「細點」效果❷

7

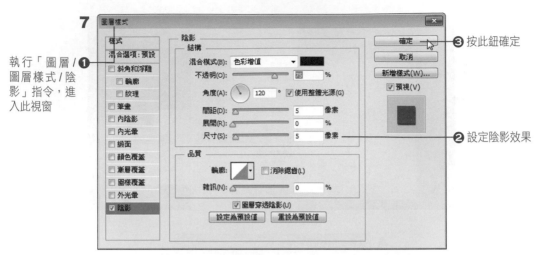

執行「圖層 / ❶
圖層樣式 / 陰
影」指令,進
入此視窗

❸ 按此鈕確定

❷ 設定陰影效果

8

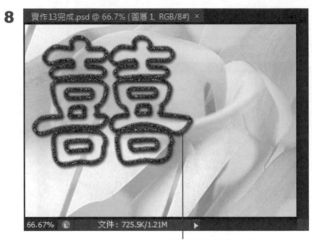

取消選取狀態,即
可看到完成效果

是非題

1. (　　) 「濾鏡／轉換成智慧型濾鏡」指令可在不破壞原影像的狀態下，新增、調整和移除影像的濾鏡。

2. (　　) 使用「濾鏡收藏館」的功能，圖層縮圖的右下角會標示 的圖示。

3. (　　) 「濾鏡／視訊效果 /NTSC 色彩」指令可以將電腦影像轉換成視訊設備可以接受的色彩範圍

4. (　　) 選用「濾鏡／演算上色／雲狀效果」的效果時，其變化會與前背景所設定的顏色有關。

5. (　　) 執行「液化」指令前，先以選取工具圈選要做變形的區域，進入「液化」視窗後，未被選取的區域就會以遮色片遮住。

6. (　　) 「濾鏡／視訊效果／反交錯」是將視訊設備擷取下來的影像所產生的掃描線加以消除。

選擇題

1. (　　) 要沿用前次的濾鏡效果，可按哪兩個快速鍵？

　　A.「Alt」＋「F」　　　　　　　B.「Ctrl」＋「A」

　　C.「Ctrl」＋「F」　　　　　　　D.「Alt」＋「A」

2. (　　) 下列哪個指令可以同時套用多個濾鏡效果？

　　A. 轉換成智慧型濾鏡　　　　B. 液化

　　C. 濾鏡收藏館　　　　　　　D. 以上皆可以

3. (　　) 下面哪個指令，可以做出材質貼圖的效果？

　　A. 消失點　　　　　　　　　B. 濾鏡收藏館

　　C. 液化　　　　　　　　　　D. 以上指令都可以

4. (　　) 下面哪一項「不」是 CS6 版本所新增的濾鏡功能？

　　A. 油畫　　　　　　　　　　B. 消失點

　　C. 最適化廣角　　　　　　　D. 光圈模糊

實作練習題

1. 學習目標：濾鏡特效的運用

   練習說明：請將下圖影像的背景，加入「錯位分割」的濾鏡特效

   圖檔來源：習作 1.jpg

   完成檔案：習作 1ok.jpg

步驟說明：

（1）以選取工具先圈選主題，然後執行「選取 / 反轉」指令，使改選背景區域。

（2）執行「濾鏡 / 風格化 / 錯位分割」指令，分割數目設為「20」，最大畫面錯位為「10」%。

14 圖層構圖

對於美術編排或網頁設計人員來說,透過 Photoshop 軟體可以盡情的將他們的創意與構思呈現於平面設計或網頁設計上。為了提供客戶最滿意及最好的服務,通常設計師都會設計多個版面讓客戶做選擇,以便與客戶溝通。如果您經常要對頁面編排做多種構圖,那麼圖層構圖的功能就是您使用的最佳工具,因為圖層構圖可以在單一 Photoshop 檔案中,建立、管理和檢視多種形式的版面,因此,使用者不需要個別的為每一版面另存檔名,在管理檔案上也比較清楚易辨。因此這一章節,我們就針對圖層構圖的使用來為各位做說明。

Photoshop CS6

14-1 認識圖層構圖浮動面板

想要使用圖層構圖的功能，首先要認識「圖層構圖」浮動面板，請執行「視窗 / 圖層構圖」指令即可顯現該面板。

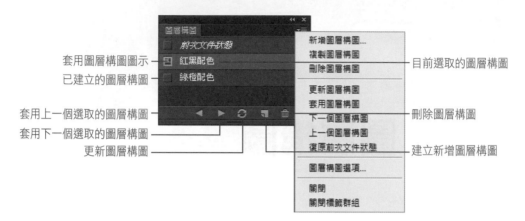

通常在各位開啟「圖層構圖 浮動面板時，只會看到「前次文件狀態」，除非執行了「新增圖層構圖」的指令，才會在它的下方顯示新增的圖層構圖。而新加入的圖層構圖也可以自行設定名稱，只要按滑鼠兩下在該項目上，就能重新輸入。

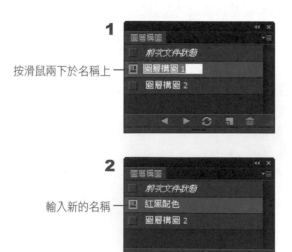

14-2 圖層構圖的建立與切換

❖ 14-2-1 建立圖層構圖

要透過「圖層構圖」功能建立各種版面，首先各位和以前一樣，利用「圖層」浮動視窗先建立各種的圖層物件。如圖示：

透過圖層物件的顯現與否，以便顯示不同的版面構圖

接下來我們透過以下的方式來一步步完成圖層構圖的建立。

執行「視窗/圖層構圖」指令，開啟浮動面板，由右上角下拉執行「新增圖層構圖」指令

設定套用到圖層的選項 ❷

❸ 按下「確定」鈕

❶ 輸入圖層構圖的名稱

3

顯示建立的第
一個圖層構圖

4

切換到「圖
層」浮動面
板,關閉原先
的圖層物件,
並將另一個圖
層構圖的影像
顯示出來

5

❶ 切換到「圖
層構圖」浮
動面板

按下「建立 ❷
新增圖層構
圖」鈕

6

輸入圖層構 ❶ 名稱(N)：綠橙配色 ❸ 按下「確定」鈕
圖的名稱

套用到圖層：☑ 可見度(V)

❷ 設定套用到圖層
的選項

7

完成第二個版
面配置的建立

在建立圖層構圖後，如果使用者有刪除原先的圖層、合併圖層、轉換圖層色彩
模式，或是要為圖層構圖加入「智慧型濾鏡」的設定，都會出現 🅰 的圖示，
這是表示圖層構圖無法完全復原。如果不想理會警告圖示，想將它刪除，可按
右鍵選擇清除。

圖層構圖無法
完全復原圖示
按右鍵可以選
擇清除

❖ 14-2-2　圖層構圖的切換

透過如上的方式，設計師就能依序將自己所設計的版面，保留在圖層構圖浮動視窗上，如果要做版面切換，只要按在 ▦ 的位置上，或是透過下方的 ◀ 或 ▶ 鈕，就可以做切換。

　　　　　　　　　　　　　　　　　　　　　　　　　　　　　　　——按此處

　　　　　　　　　　　　　　　　　　　　　　　　　　　　　　——版面切換完成

14-3　圖層構圖的轉存

❖ 14-3-1　圖層構圖轉存成檔案

編排完成的圖層構圖，可以透過「檔案 / 指令碼 / 將圖層構圖轉存成檔案」指令，轉存成 BMP、JPEG、PDF、PSD、Targa、TIFF、PNG-8、PNG-24 等八種格式。選定好儲存的位置，再設定檔案名稱的字首，就能輕鬆將構圖轉換成指定的格式。

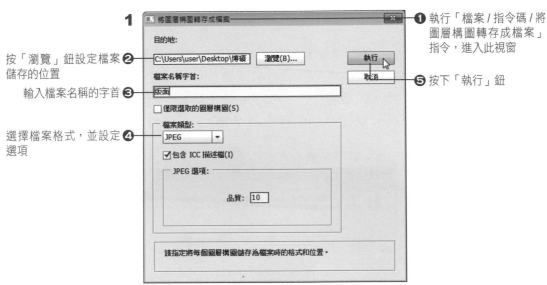

1 將圖層構圖轉存成檔案

目的地：

按「瀏覽」鈕設定檔案 **❷** 儲存的位置

C:\Users\user\Desktop\博碩   瀏覽(B)...

檔案名稱字首：

輸入檔案名稱的字首 **❸**   版面

☐ 僅限選取的圖層構圖(S)

選擇檔案格式，並設定 **❹** 選項

檔案類型：

JPEG ▾

☑ 包含 ICC 描述檔(I)

JPEG 選項：

品質：10

請指定將每個圖層構圖儲存為檔案時的格式和位置。

❶ 執行「檔案 / 指令碼 / 將圖層構圖轉存成檔案」指令，進入此視窗

執行

取消

❺ 按下「執行」鈕

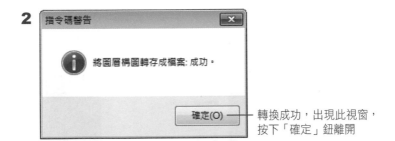

2 指令碼警告

ⓘ 將圖層構圖轉存成檔案：成功。

確定(O)

轉換成功，出現此視窗，按下「確定」鈕離開

開啟目的地資料夾，就能看見所有的圖層構圖已轉成指定的格式。

❖ 14-3-2 圖層構圖轉存網路相片收藏館

在「檔案」功能表中，各位還會看到「指令碼 / 將圖層構圖轉存成 WPG」的
指令，此指令在 CS3 的版本中是將圖層構圖轉存成網路相片收藏館的形式。
不過從 CS4 版本開始，此功能已被「Adobe 輸出模組」所取代，因此，當各
位執行「檔案 / 指令碼 / 將圖層構圖轉存成 WPG」指令時，會看到如下的警
告視窗。

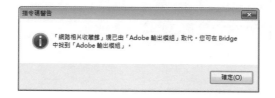

如果想要將圖層構圖所編排的版面，以網路相片的形式呈現，那麼請依照下面
的範例步驟進行設定。

在 Photoshop
中執行「檔案
/ 在 Bridge 中
瀏覽」的指令

❸ 按下「輸出」鈕

❹ 下拉選擇「輸
　出 至 網 路 或
　PDF」指令，
　使開啟右側的
　「輸出」面板

切換到圖層構 ❶
圖已轉存成檔
案的資料夾

❷ 選 取 所 有 要
　使用的版面

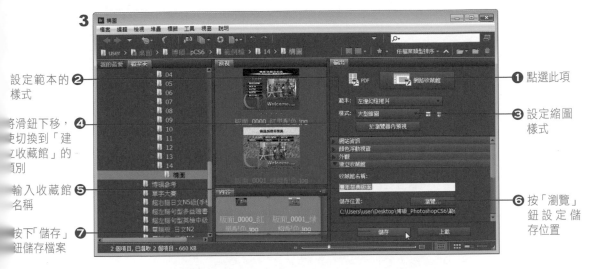

設定範本的 ❷
樣式

將滑鈕下移，❹
便切換到「建
立收藏館」的
類別

輸入收藏館 ❺
名稱

按下「儲存」❼
鈕儲存檔案

❶ 點選此項

❸ 設定縮圖
樣式

❻ 按「瀏覽」
鈕設定儲
存位置

建立完成將顯示此視窗，
按下「確定」鈕離開

設定完成後，原先儲存的資料夾中會看到剛剛設定的收藏館名稱，點選其中的
「index.html」檔案，即可瀏覽檔案。

由縮圖可以
切換頁面

也可以由下
方的按鈕列
作切換

是非題

1. (　　　) 新增的圖層構圖可以自行設定其名稱。

2. (　　　) 建立圖層構圖後，可以任意地刪除圖層或合併，因為不會影響到原先儲存的圖層構圖。

3. (　　　) 編排完成的圖層構圖，透過「將圖層構圖轉存成檔案」的指令，轉存成各種的影像檔格式。

4. (　　　) 圖層構圖的功能事實上與「圖層」功能完全相同。

5. (　　　) 圖層構圖如果無法完全復原，會出現 ▲ 的圖示來警告。

6. (　　　) 圖層構圖若以網路相片的形式呈現，必須透過 Bridge 程式來作輸出。

選擇題

1. (　　　)「圖層構圖」的功能可以在單一 Photoshop 檔案中，作下列何種的處理？

A. 建立多種版面　　　　　　B. 管理多種版面

C. 檢視多種版面　　　　　　D. AB 皆可

E. 以上皆可

2. (　　　) 下列何者不是圖層構圖所能套用到的圖層選項？

A. 可見度　　　　　　　　　B. 位置

C. 外觀　　　　　　　　　　D. 縮放尺寸

3. (　　　) 使用「檔案 / 指令碼 / 將圖層構圖轉存成檔案」指令，無法將構圖轉存成何種格式？

A. JPG　　　　　　　　　　B. TIFF

C. PCX　　　　　　　　　　D. BMP

實作練習題

1. 學習目標：圖層構圖的建立

   練習說明：請將實作 **1**.psd 所提供的檔案，依序建立成如圖的兩個版面構圖

   完成檔案：實作 **1**ok.psd

   構圖 **1**

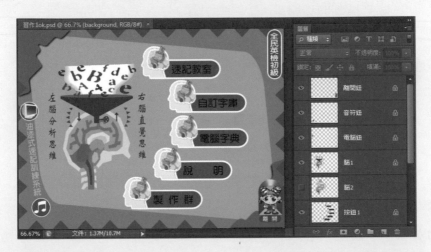

   構圖 **2**

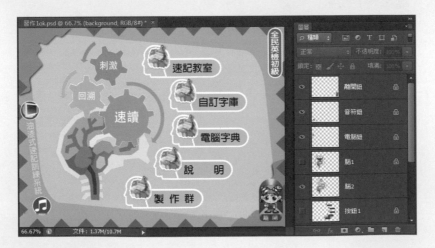

步驟說明：

依上面畫面所指示的圖層作顯示或隱藏，切換到「圖層構圖」的面板，由右上角下拉選擇「新增圖層構圖」指令，並分別命名為「構圖 1」和「構圖 2」。

2. 學習目標：圖層構圖轉存成 PDF 格式

練習說明：請將實作 1 完成的檔案，利用「指令碼」中的功能，將圖層構圖轉存成 PDF 的格式

完成檔案：版面 _0000_ 構圖 1.pdf、版面 _0000_ 構圖 2.pdf

步驟說明：

（1）執行「檔案 / 指令碼 / 將圖層構圖轉存成檔案」指令，按「瀏覽」鈕設定存放的位置，選擇「PDF」檔案類型，按下「執行」鈕即可轉換檔案為 PDF。

15 網頁的整合運用

學習指引

從事網頁設計時，除了可以利用上一章所介紹的「圖層構圖」來嘗試不同的網頁構圖，或是轉存各個版面配置外，Photoshop 的「切片工具」 也不可不知，因為製作網頁元件時，都必須使用「切片工具」 來切割區塊，而切片工具能為網頁設計做哪些處理，便是這一章節要為各位介紹的重點。

Photoshop CS6

15-1 善用切片工具

❖ 15-1-1 切片網頁

切片工具可以將網頁的版面分割成幾個較小的影像區塊,並將切割區塊連結到特定的 URL 位址,以建立網頁導覽。完成所有的切片處理後,再使用「檔案 / 儲存為網頁用」指令,便可以轉存成 HTML 網頁。

1 146.psd @ 100% (奇摩股市 , RGB/8#) * ×

開啟檔案後,點❶選「切片工具」

裁切工具　　C
透視裁切工具　C
切片工具　　C
切片選取工具

❷ 從「奇摩新聞」按鈕的左上角拖曳到右下角位置,使形成矩形區塊

2 切片選項

執行「檔案 / 儲存為❶網頁用」指令,使顯示如圖視窗

切片類型(S): 影像

名稱(N): 155_03

URL(U): http://tw.news.yahoo.com

目標(R):

訊息文字(M): 歡迎來到奇摩新聞

Alt 標記(A): 奇摩新聞

尺寸

X(X): 39　　W(W): 246
Y(Y): 26　　H(H): 62

切片背景類型(L): 無　　背景色:

確定

取消

❸ 按「確定」鈕離開

❷ 輸入 URL 位址、訊息文字及替代文字等資訊

「目標」若不設定,它會以原視窗來開啟連結的網頁,若要以新視窗開啟連結的網頁,請將「目標」設為「_blank」

3 146OK.psd @ 100% (奇摩股市 , RGB/8#) ×

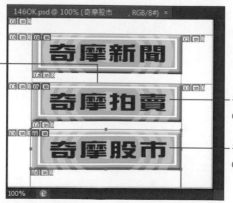

同 1、2 步驟,依序完成「奇摩拍賣」及「奇摩股市」的切片選項設定

奇摩拍賣 http://tw.bid.yahoo.com/

奇摩股市 http://tw.stock.yahoo.com/

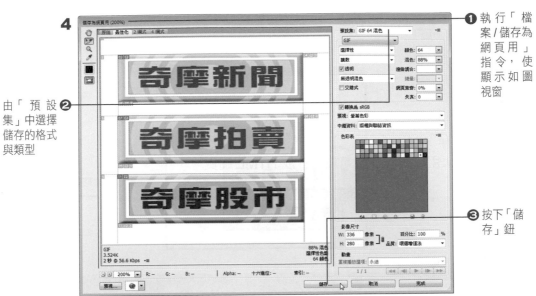

❶ 執行「檔案/儲存為網頁用」指令,使顯示如圖視窗

由「預設集」中選擇儲存的格式與類型 ❷

❸ 按下「儲存」鈕

❶ 設定儲存的位置

輸入檔名 ❷

存檔類型設為「HTML和影像」❸

❺ 按下「儲存」鈕儲存檔案

❹ 切片選為「全部切片」

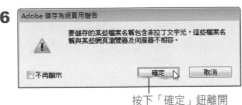

按下「確定」鈕離開

設定完成後，開啟該網頁檔，按下切片區塊時，就會在原視窗中顯示所指定的
網頁了。

開啟「yahoo.html」
網頁檔，按下「奇摩
新聞」鈕

開啟奇摩
新聞網頁

❖ 15-1-2 自動分割切片

使用切片工具切割區塊時，如果要切割成特定的欄列數或特定尺寸，可透過
「分割」功能快速辦到；切割後想要選取某一切割區塊，則可以使用「切片選
取工具」  來指定。

1

點選切割工具 ❶

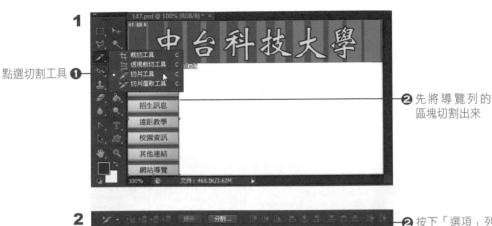

❷ 先將導覽列的
區塊切割出來

2

改選「切片選
取工具」 ❶

❷ 按下「選項」列
上的「分割」鈕

3

勾選分割的方向 ❶

❸ 按下「確定」鈕離開

❷ 設定分割的數目

4

輕鬆完成按鈕列的
分割

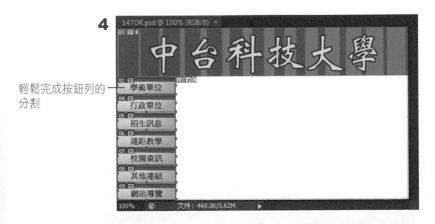

15-5

切割後，再依前述方式設定按鈕連結的網址，就能快速完成 HTML 網頁。

❖ 15-1-3　切片影像

切割後的影像按鈕，若是要與網頁編輯器 Dreamweaver 做整合，可以直接將切片儲存為網頁用，我們延續上面的步驟，讓各位快速完成影像的轉存。

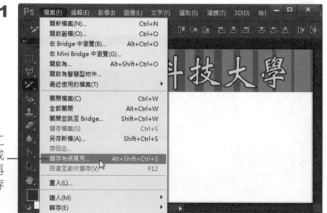

以「切片選取工具」自動切割成如圖的區塊，再執行「檔案／儲存為網頁用」指令，使進入下圖視窗

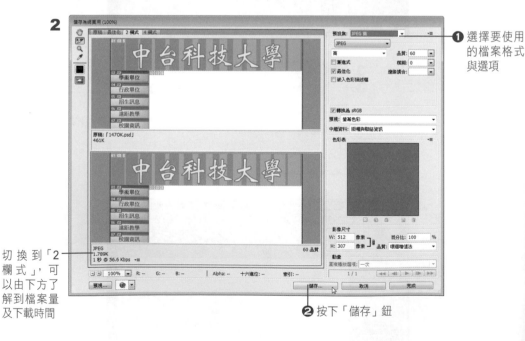

❶ 選擇要使用的檔案格式與選項

切換到「2欄式」，可以由下方了解到檔案量及下載時間

❷ 按下「儲存」鈕

3

① 選擇網站所在的資料夾（但不是在「images」資料夾內）

輸入檔名的首字 ④

儲存類型設為 ③
「僅影像」

⑤ 按下「儲存」鈕

② 「切片」選擇「全部使用者切片」

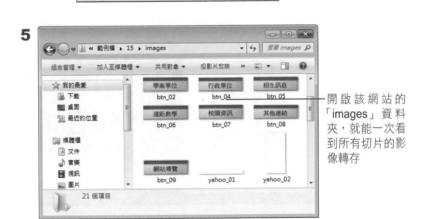

4

Adobe 儲存為網頁用警告

要儲存的某些檔案名稱包含非拉丁文字元，這些檔案名稱與某些網頁瀏覽器及伺服器不相容。

□ 不再顯示   確定   取消

按下「確定」鈕

5

開啟該網站的「images」資料夾，就能一次看到所有切片的影像轉存

TIPS

選擇適當的網頁影像格式：將檔案儲存為網頁或裝置用的圖像，Photoshop 主要提供 GIF、JPEG、PNG 三種格式，選用格式類型時，可依下列標準來做判斷。

- 影像畫面如果包含了大區域的單純色彩，最好儲存為 GIF 或 PNG-8 的影像格式。
- 如果影像畫面的色彩包含漸層或是連續色調，則最好儲存為 JPEG 或 PNG-24 檔案。

❖ 15-1-4　建立滑鼠指向效果按鈕

「滑鼠指向效果」是網頁上的按鈕或影像,當滑鼠指向它時,它會做變更。要建立滑鼠指向效果,通常需要兩個影像,也就是一個正常狀態所看到的主要影像,另一個為滑鼠指向它時,所呈現出來的影像。

Photoshop 中我們可以利用「圖層樣式」來做出兩個不同效果的影像,或是透過「樣式」浮動面板來直接套用樣式,然後將它們排列於「圖層」浮動視窗之中,如圖示:

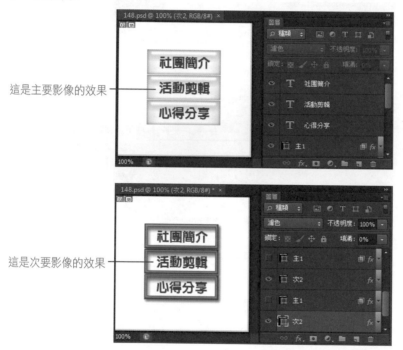

這是主要影像的效果

這是次要影像的效果

建立之後,接著同 15-1-3 的方式,將切片儲存為網頁與裝置用就行了。

先以「切片工具」切割按鈕區域,利用「切片選取工具」自動切割為 3 列,再執行「檔案 / 儲存為網頁用」指令進入下圖示視窗 ❷

❶ 由「圖層」浮動面板,將主要影像的圖層顯示出來

2

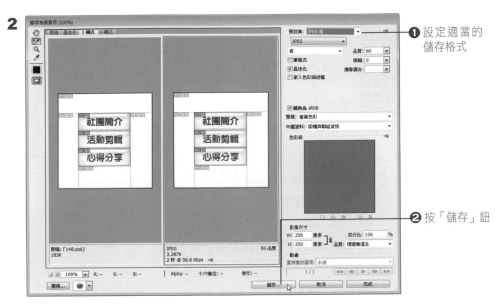

❶ 設定適當的儲存格式

❷ 按「儲存」鈕

3

❶ 選擇網站所在的資料夾

輸入檔名的首字 ❹

儲存類型設為「僅影像」❸

❺ 按下「儲存」鈕

❷「切片」選擇「全部使用者切片」

4

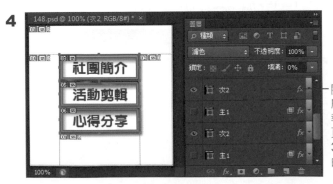

關閉主要影像圖層,開啟次要影像圖層,然後執行「檔案 / 儲存為網頁用」指令,並同 2、3 步驟,完成切片影像的輸出

15-9

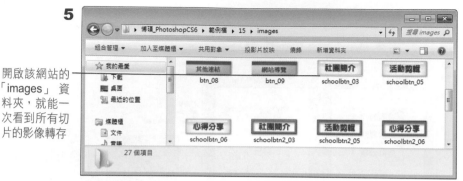

開啟該網站的「images」資料夾,就能一次看到所有切片的影像轉存

15-2 與 Dreamweaver 的整合運用

❖ 15-2-1 切片影像與 Dreamweaver 的整合

從 CS3 的版本開始,Photoshop 就已經與 Dreamweaver 整合在一起,因此設計師在製作網頁上就更得心應手。在前面的章節中,我們示範了快速將使用者切片全部轉存成影像,讓設計師加快影像或按鈕的轉存工作,而在開啟 Dreamweaver 程式時,只要執行「插入 / 影像」指令,即可插入影像。

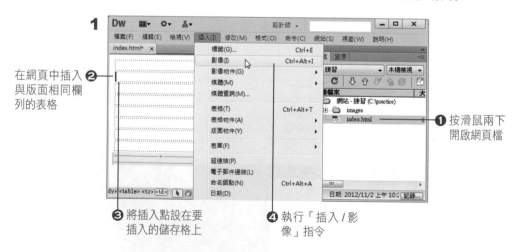

在網頁中插入❷ 與版面相同欄列的表格

❶ 按滑鼠兩下開啟網頁檔

❸ 將插入點設在要插入的儲存格上

❹ 執行「插入 / 影像」指令

2

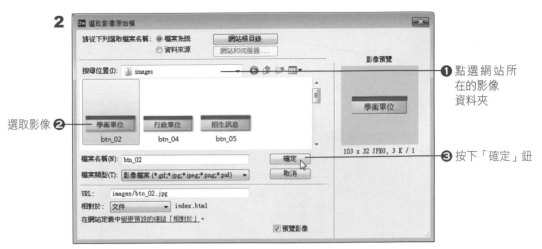

❶ 點選網站所在的影像資料夾

選取影像 ❷

❸ 按下「確定」鈕

3

輸入替代文字，或加入連結網址 ❶

❷ 按下「確定」鈕

4

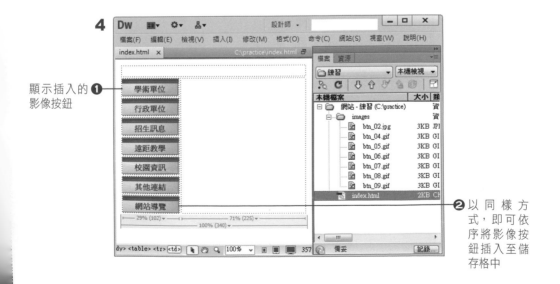

顯示插入的影像按鈕 ❶

❷ 以同樣方式，即可依序將影像按鈕插入至儲存格中

❖ 15-2-2 滑鼠指向按鈕與 Dreamweaver 的整合

在 15-1-4 節中,筆者告訴各位滑鼠指向按鈕的轉存方式,而在 Dreamweaver 中,則是透過「滑鼠變換影像」功能來處理。

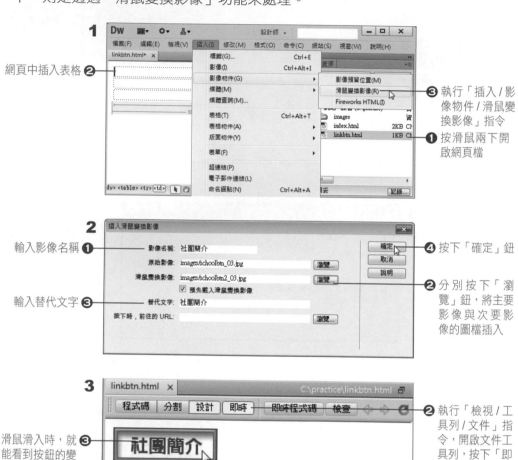

網頁中插入表格 ❷

❸ 執行「插入 / 影像物件 / 滑鼠變換影像」指令

❶ 按滑鼠兩下開啟網頁檔

輸入影像名稱 ❶

輸入替代文字 ❸

❹ 按下「確定」鈕

❷ 分別按下「瀏覽」鈕,將主要影像與次要影像的圖檔插入

滑鼠滑入時,就能看到按鈕的變換效果 ❸

❷ 執行「檢視 / 工具列 / 文件」指令,開啟文件工具列,按下「即時」鈕

❶ 以同樣方式,插入其他的滑鼠變換影像按鈕

是非題

1. (　　) 影像畫面的色彩包含漸層或是連續色調，儲存為 GIF 的影像格式。

2. (　　) 要將製作的版面儲存成網頁格式，必須在 Photoshop 中使用「檔案 / 儲存為網頁用」指令，即可轉存成 HTML 網頁。

3. (　　)「滑鼠指向效果」是網頁上的按鈕或影像，當滑鼠指向它時它會做變更。

4. (　　) 設定切片選項時，「目標」的欄位必須輸入連結的網址。

5. (　　) 選用「切片選取工具」時，可由「選項」列設定分割切片的方向或數目。

6. (　　) 切片的按鈕影像若要與 Dreamweaver 作整合，只要將存檔類型設為「僅影像」。

7. (　　) 影像若包含大區域的單純色彩，可以選用 PNG-8 的影像格式。

8. (　　) 影像切割後，若要選取某依切割區，必須使用「切片選取工具」來選取。

9. (　　) 網頁影像在 Photoshop 中經過轉存後，於 Dreamweaver 中可以透過「插入 / 影像」指令來插入圖片。

10. (　　) 製作滑鼠指向按鈕的圖片，在 Dreamweaver 中也是透過「插入 / 影像」指令來插入。

選擇題

1. (　　) 對於切片工具的說明，下列何者有誤？

　　A. 可以將網頁的版面分割成幾個較小的影像區塊

　　B. 可以切割成特定的欄列數

　　C. 切片工具的工具鈕為

　　D. 可切割特定尺寸

2. (　　) 下列何者不是網頁影像常用的格式？

　　A. GIF　　　　　　　　　　　B. TIFF

　　C. JPEG　　　　　　　　　　D. PNG

3.（　　　）製作「滑鼠指向效果」的按鈕，通常需要幾張影像畫面？

    A. 1 張　　　　　　　　　　B. 2 張

    C. 3 張　　　　　　　　　　D. 沒有限定

4.（　　　）設定切片選項時，如果未設定「目標」的內容，它會以何種方式顯現連結的網頁？

    A. 以原視窗開啟連結的網頁

    B. 以新視窗開啟連結的網頁

    C. 由伺服器來決定

實作題

1. 學習目標：網頁按鈕的製作與連結

    練習說明：利用矩形工具繪製網頁按鈕，套用網頁樣式後，再利用切片工具將按鈕連結到指定的網站，然後完成 HTML 格式的輸出

    完成檔案：習作 1ok.psd、index.html

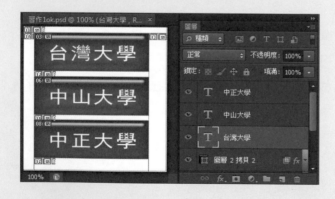

步驟說明

（1）執行「檔案 / 開新檔案」指令，設定 250*250 像素的文件尺寸。

（2）選用「矩形工具」，選項上設定為「形狀圖層」，由「樣式」處下拉，將「樣式」設為「紅色凝膠」。

（3）在頁面上繪製矩形形狀圖層，然後點選「水平文字工具」，輸入按鈕文字，並設定適當的字體與大小。

（4）依序完成其他兩個按鈕的建立（完成畫面請見習作 1ok.psd）。

（5）選用「切片工具」，分別切出三個矩形區塊，先按滑鼠兩下點選台灣大學的區塊，輸入切片名稱、輸入台灣大學的網址資訊、設定訊息文字和標記文字。

（6）依序按兩下點選「中山大學」的切片區塊，設定中山大學的相關資訊。

（7）按兩下點選「中正大學」的切片區塊，設定中正大學的相關資訊。

（8）執行「檔案 / 儲存為網頁與裝置用」指令，選用適合的格式與類型，然後設定存檔位置，切片選擇「全部使用者切片」，同時儲存網頁檔和影像檔，輸入網頁檔名稱，然後儲存檔案。

NOTE

16 列印與自動處理

 學習指引

辛苦完成的作品，最大的喜悅莫過於將它列出來，為了讓列印更順利，一些細節不可不知。而使用繪圖軟體從事設計時，有時候因為工作的需要，必須重複做相同的步驟；譬如要將影像縮小到特定的尺寸，以利版面的編排，或是排版人員要重複將影像由 RGB 模式轉換成 CMYK 的 TIFF 檔…等，如果圖量不多時還不會覺得疲累，如果是上千個圖檔，那可得花上一兩天的時間做同樣無聊的動作，甚至操作到手都酸痛了還做不完。如果各位常有這樣的困擾，可得仔細瞧瞧本章介紹的內容，因為學會讓影像過程自動化，就可以將這些重複性的工作交由電腦來執行，只要設定好整個執行的過程，其餘的時間就可以喝茶納涼，等著收成結果。另外，Photoshop 還提供各種的自動處理功能，在這個章節中，我們將一併為各位解說。

Photoshop CS6

16-1 列印技巧

❖ 16-1-1 列印前的補漏白

假如各位的檔案打算列印成 CMYK 四色印刷，最好能先將檔案轉換成 CMYK 的模式，由於四色印刷是將青、洋紅、黃、黑四個色版套印在一起，若套得不準時，就會形成空隙而影響品質，因此可以先使用「影像 / 補漏白」的功能來補足套色之間的誤差值。

完成影像編輯後，執行「影像 / 模式 / CMYK 色彩」指令

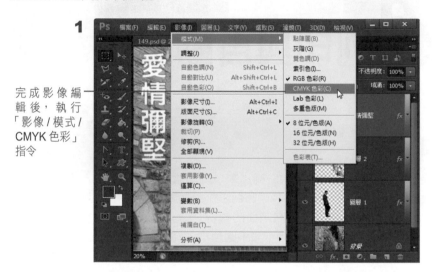

按「平面化」鈕

按下「確定」鈕

4

執行「影像 / 補漏白」指令

5

設定補漏白的寬度 ❶

❷ 按「 確 定 」鈕完成設定

❖ 16-1-2 影像列印

決定列印影像時，可以執行「檔案 / 列印」指令，進入下圖設定列印的方式。

設定列印份數

由此選擇「正常繪圖」或「列印稿校樣」

勾選此項，影像大小會符合紙張的大小

設定列印方向

由此可設定縮放比例

按此鈕列印

當影像畫面大於紙張大小時，為了要能完整呈現影像，可以勾選「縮放以符合媒體大小」的選項，就能在左側的預視窗中看到紙張與影像的比例。若需要加入中央裁切標記或角落裁切標記，可在「列印標記」的欄位中做勾選。

16-2 以動作浮動面板自訂動作

❖ 16-2-1 認識動作浮動視窗

要做自動化處理，首先必須先認識動作浮動面板，執行「視窗 / 動作」指令，即可看到如下的畫面。

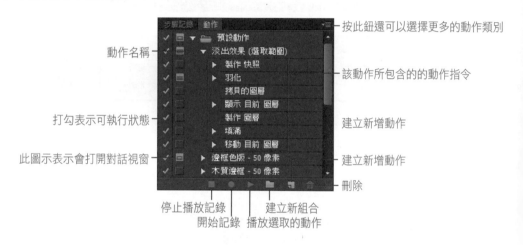

視窗中各位所看到的是「預設動作」中所包含的各項動作，通常當使用者點選動作名稱後，按下「播放選取的動作」 ▶ 鈕，就會執行該動作中的一連串指令，並快速完成所選取效果。

❖ 16-2-2 動作的執行

首先讓各位來體驗一下自動執行的快速感，筆者以下面的影像做說明，利用選取範圍來快速完成影像的淡化處理。

以「橢圓選取畫
面工具」在畫面
上選取範圍 ❶

❷ 由「預設動作」
的類別中，點選
「淡出效果（選
取範圍）」的動
作

❸ 按下「播放選
取的動作」鈕

開啟此對話框，❶
輸入羽化強度

❷ 按下「確定」鈕

❖ 16-2-3 錄製動作

對於動作的使用有所了解之後，接下來我們實際運用 Photoshop 的濾鏡功能
來錄製一段動作。

1

開啟影像檔❶

❷由動作浮動
面板右上角
執行「新增
動作」指令

2

輸入適切的 ❶
動作名稱

❷按下「記錄」鈕

3

執行「濾
鏡/濾鏡收
藏館」指
令，進入
如圖視窗 ❶

❷點選「藝術
風」之下
的「乾性
筆觸」，並
設定筆屬
及紋理的
相關屬性

❸按「新增
果圖層
鈕，使
增效果

4

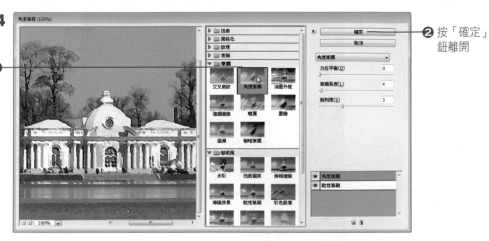

加入「筆觸」中的「角度筆觸」，並調整其屬性 ❶

❷ 按「確定」鈕離開

5

按下「停止播放 / 記錄」鈕，完成動作的錄製

現在動作已錄製完成，各位可以開啟其他的檔案，只要像先前一樣按下「播放選取的動作」▶ 鈕，該影像就會馬上套用所指定的動作了。

1

❶ 開啟影像檔

選此動作 ❷

❸ 按下此鈕

2

━ 顯示套用結果

❖ 16-2-4 自動批次處理圖檔

剛剛所介紹的是開啟單張影像來做自動化處理，如果各位有千百個圖檔要處理，那麼可以透過「自動批次處理」的功能來處理圖檔。這兒我們就以排版人員的工作為例，排版人員在作彩色書籍的排版時，通常都先要將影像檔轉換成 CMYK 模式的圖檔，因此可以先將作者所給的圖檔都放在同一個資料夾中，另外開啟一個空白資料夾，以便存放轉好的檔案。如圖示：

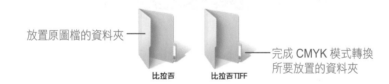

放置原圖檔的資料夾 ━

━ 完成 CMYK 模式轉換
所要放置的資料夾

比拉吉　　　比拉吉TIFF

接下來請各位從原圖檔資料夾中叫出第一張圖檔，然後跟著筆者的步驟做轉檔的設定。

下拉執行「新增
動作」指令

❶ 按此鈕

2

輸入適切的名稱 ❶

❷ 按下「記錄」鈕

3

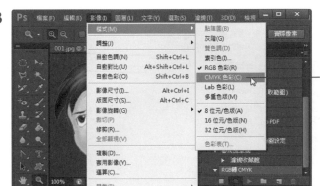

執行「影像 / 模式 /CMYK 色彩」指令，使轉換色彩模式

4

按下「確定」鈕

5

❶ 執行「檔案 / 另存新檔」指令，進入如圖視窗

❷ 選擇新設定的空白資料夾

選定 TIFF 檔案格式 ❸

❹ 不修改檔名，直接按下「存檔」鈕

6

設定選項內容 ❶

❷ 按下「確定」
鈕離開

7

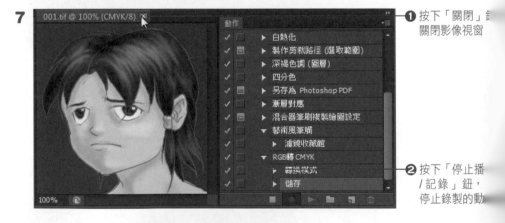

❶ 按下「關閉」鈕
關閉影像視窗

❷ 按下「停止播
/ 記錄」鈕，
停止錄製的動

8

完成動作的錄製

　　完成如上動作後，接下來請各位先將剛剛儲存在「比拉吉 TIFF」資料夾中的
圖檔刪除，使呈現空白狀態，然後再跟著筆者的腳步設定自動批次處理功能。

1

執行「檔案 / 自動 / 批次處理」指令，使進入下圖視窗

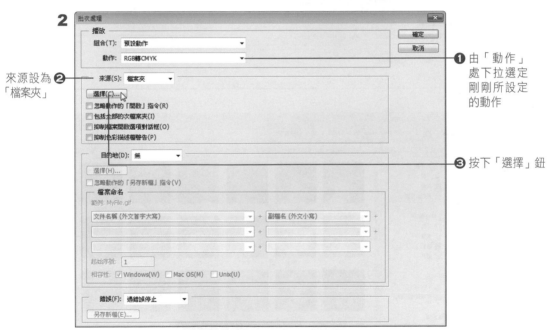

2

來源設為「檔案夾」

❶ 由「動作」處下拉選定剛剛所設定的動作

❸ 按下「選擇」鈕

3

點選原先檔案放置的資料夾 ❶

❷ 按下「確定」鈕

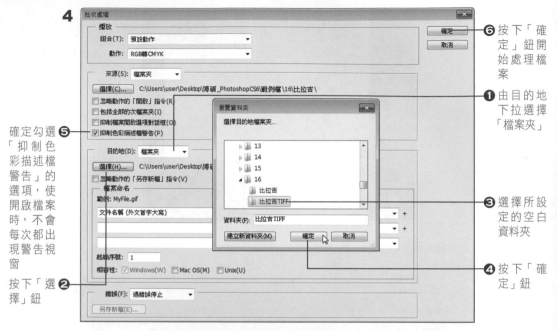

4

❻ 按下「確定」鈕開始處理檔案

❶ 由目的地下拉選擇「檔案夾」

❸ 選擇所設定的空白資料夾

❹ 按下「確定」鈕

確定勾選 ❺「抑制色彩描述檔警告」的選項，使開啟檔案時，不會每次都出現警告視窗

按下「選擇」鈕 ❷

5

休息片刻回來，資料夾中就已完成檔案轉換的動作了

❖ 16-2-5 將動作建立成快捷批次處理

對於經常使用的動作，可以考慮將它建立成快捷批次處理，如此一來，只要將檔案或資料夾拖曳到該執行檔的圖示上，它就會自動執行批次處理的動作。以剛剛完成的「RGB 轉 CMYK」的動作為例，請各位執行「檔案 / 自動 / 建立快捷批次處理」指令，使顯現下圖視窗，然後跟著筆者腳步執行。

由此確定
動作名稱
為所要建
立的快捷
批次處理

❶

❷ 按下「選
擇」鈕，
設定執行
檔放置的
位置

❶ 確定存放的
資料夾位置

輸入執行
檔名稱 ❷

❸ 按「存檔」
鈕儲存檔案

3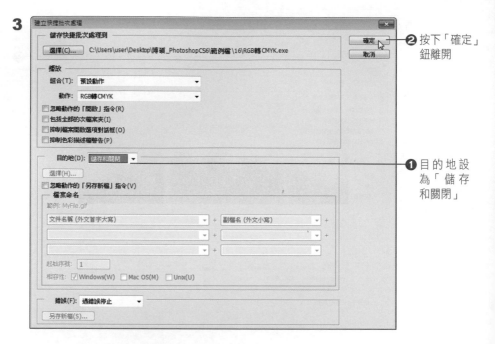

❷ 按下「確定」
鈕離開

❶ 目 的 地 設
為「 儲 存
和 關 閉 」

完成如上動作後，各位會看到像箭頭符號的執行檔圖示  RGB轉CMYK ，以後只要
將圖檔或整個資料夾拖曳到該執行檔圖示上，它就會自動執行轉檔的動作，並
將完成的檔案放置在原先所指定的資料夾中。

❶ 點選資料夾

將資料夾拖曳到執 ❷
行檔的圖示上，就
可以執行批次處理

16-3 檔案自動處理

❖ 16-3-1 自動裁切及拉直相片

「檔案 / 自動 / 裁切及拉直相片」主要是將所開啟的影像檔，依據畫面上的水
平或垂直線條做裁切的動作，並將有傾斜的部份做拉直的動作。因此當各位使
用此指令，可能會分離出一張或多張的影像。

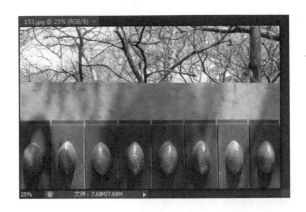

如上所示的影像，在經過自動裁切及拉直相片後，會裁切成如下的兩張影像。

執行「檔案 / 自動 / 裁
切及拉直相片」指令
後，將裁切成如圖的
兩張畫面

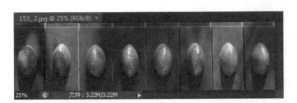

❖ 16-3-2 自動 Photomerge

「檔案 / 自動 /Photomerge」指令提供各位將數張影像結合成一張全景相片。

如上圖所示的四張影像是利用腳架所拍攝的四幅連續景緻，只要利用
「Photomerge」功能，就可以快速將它們接合在一起。

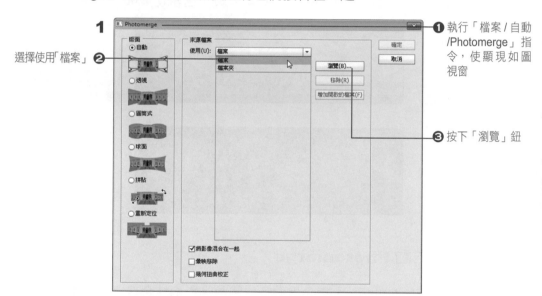

1

選擇使用「檔案」❷

❶ 執行「檔案 / 自動
/Photomerge」指
令，使顯現如圖
視窗

❸ 按下「瀏覽」鈕

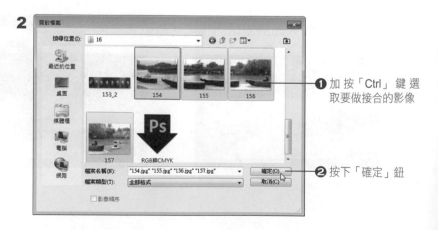

2

❶ 加 按「Ctrl」鍵選
取要做接合的影像

❷ 按下「確定」鈕

3

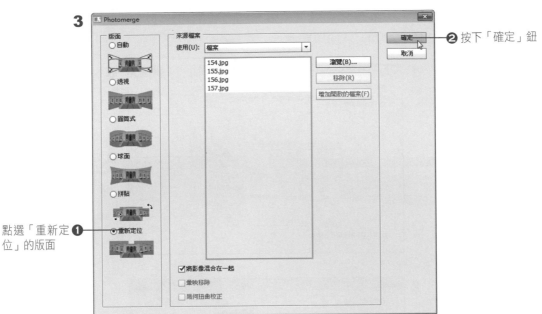

點選「重新定
位」的版面 ❶

❷ 按下「確定」鈕

4

❖ 16-3-3　自動合併至高動態範圍 HDR

「檔案 / 自動 / 合併為 HDR Pro」主要在合成不同曝光值的影像，讓畫面中的
明暗變化更趨近於人類的眼睛的視覺，以達到最佳的明暗效果。

如上的兩張影像，一張曝光過度，一張暗部區域則曝光不足，此時就可以使用「合併為 HDR Pro」功能來加以調整。

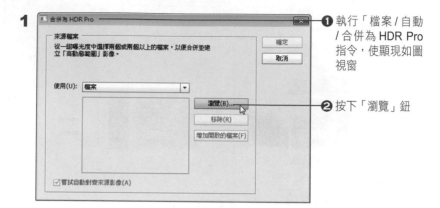

❶ 執行「檔案 / 自動 / 合併為 HDR Pro 指令，使顯現如圖視窗

❷ 按下「瀏覽」鈕

❶ 選取檔案

❷ 按下「確定」鈕開啟檔案

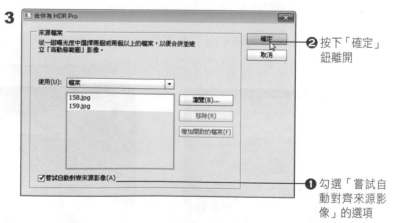

❷ 按下「確定」鈕離開

❶ 勾選「嘗試自動對齊來源影像」的選項

4

❶ 可再自行
調整相關
細部設定

❷ 按「確定」
鈕離開

5

顯示合併的結果

❖ 16-3-4 自動條件模式更改

對於目前所開啟的影像檔案，如果想要
將它轉換成點陣圖、灰階、雙色調、索
引色…等各種色彩模式，除了利用「影
像/模式」指令做轉換外，也可以執行「檔
案/自動/條件模式更改」指令來由電腦
快速執行。

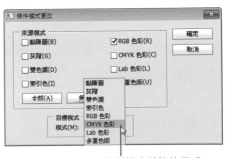

這裡設定轉換的模式

❖ 16-3-4 自動符合影像

所開啟的影像檔，如果需要將它縮放成特定的尺寸，可以執行「檔案 / 自動 / 符合影像」指令，在如下的視窗中輸入寬度或高度值就行了，其功能和各位執行「影像 / 影像尺寸」指令完全相同。

16-4 範例實作—影像的色調分離處理

完成畫面

學習目標

在這個範例中，我們主要來練習動作指令的錄製，以及批次檔案的處理，因此我們會透過「動作」面板來錄製以下的動作指令，使完成資料夾中所有影像的色調分離及紋理化的效果。

動作設定內容包含如下：

■ 「影像 / 調整 / 色調分離」- 色階設為 2

■ 「濾鏡 / 濾鏡收藏館 / 紋理 / 紋理化」- 加入砂岩紋理

■ 「檔案 / 另存新檔」- 設定資料夾位置，以 jpg 格式儲存

■ 設定儲存及關閉檔案

步驟說明

在「範例實作 / 範例」的資料夾中，各位可以看到如圖的所有影像縮圖。

請各位先將「範例」資料夾複製到桌面上，同時在桌面上新增「範例 ok」的資料夾，完成之後將第一張影像「001.jpg」開啟，緊接著開啟動作面板，然後開始動作指令的新增與設定。

1

開啟第一張❶影像「001.jpg」

❷ 由動作浮動視窗中執行「新增動作」指令

2

輸入動作名稱❶

❷ 按下「記錄」鈕

3

執行「影像 / 調整 / 色調分離」指令，使進入此視窗❶

❷ 色階設為 2

❸ 按下「確定」鈕

4

執行「濾鏡/
濾鏡收藏館」❶
指令,使進入
此視窗

選擇「紋理/❷
紋理化」

❹ 按下「確定」鈕

❸ 下拉選擇「砂
岩」紋理

5

執行「檔案/
另存新檔」指
令,使進入下
圖視窗

6

❶ 選取要放置的資
料夾位置

❷ 保留原先設定的
檔名與格式

❸ 按「存檔」鈕儲
存檔案

7

設定影像品質 ❶

❷ 按此鈕確定

8

❶ 按此鈕關閉
檔案

按下「停
止播放/記
錄」鈕完成
動作錄製 ❷

9

設定完成後,所顯
示的動作指令如圖

完成動作的設定之後,接下來請各位將「範例 ok」資料夾中的圖檔刪除,然
後在依照下面的步驟執行。

1

指定此動作 ❷

按此鈕設定「範 ❸
例」資料夾

勾選「抑制色彩描 ❺
述檔警告」的選項

按此鈕設定「範例 ❹
ok」資料夾

❻ 按此鈕確定，即
可開始轉換動作

❶ 執 行「 檔 案/自
動/批次處理」指
令，使進入此視
窗

2

瞧！檔案轉換完成了

是非題

1. （　　） CMYK 四色印刷是指將青、洋紅、黃、黑四個色版作套印處理。

2. （　　） 列印彩色影像時，無法將裁切標記一併列印出。

3. （　　） 使用 Photoshop 列印影像時，也可以選擇列印影像的部分區域範圍。

4. （　　） 要合成不同曝光值的影像，讓畫面中的明暗變化更趨近於人類的眼睛的視覺，可以選用「檔案 / 自動 /Photomerge」指令。

5. （　　） 執行「檔案 / 自動 / 符合影像」指令，可以將影像縮放成特定的尺寸。

6. （　　）「影像 / 補漏白」功能可用來補足套色之間的誤差值。

選擇題

1. （　　） 下列何者對「自動條件模式更改」的影像轉換的說明有誤？

    A. 可轉為點陣圖　　　　　　B. 可轉為 PNG 格式

    C. 可轉為雙色調　　　　　　D. 可轉為索引色

2. （　　） 動於動作指令的說明，下列何者有誤？

    A. 要播放選取的動作，可按下 ▶ 鈕

    B. 經常使用的動作，也可以將它轉換成執行檔的方式，以便快速將資料夾中的檔案自動批次處理

    C. 要執行自動批次處理，必須透過「動作」面板執行「新增動作」指令

    D. 錄製完成的動作，只能針對單一影像作處理

3. （　　） 下列何者不是 Photoshop 所提供的檔案自動處理功能？

    A. 裁切及拉直相片

    B. 自動 Photomerge

    C. 自動合併至高動態範圍 HDR

    D. 自動色彩更改

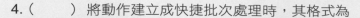
4.（　　　） 將動作建立成快捷批次處理時，其格式為

    A. EXE　　　　　　　　　　B. PSD

    C. SWF　　　　　　　　　　D. ADD

5.（　　　） 下列何者不是 Photomerge 功能中所提供的版面方式？

    A. 自動　　　　　　　　　　B. 透視

    C. 球面　　　　　　　　　　D. 自由變形

實作題

1. 學習目標：影像接合

    練習說明：請將資料夾中的 3 張圖檔，以透視的版面效果，接合成如圖的全景畫面

    圖檔來源：「習作 1」資料夾

    完成檔案：習作 1ok.psd

    步驟說明

    執行「檔案 / 自動 /Photomerge」，再選擇「透視」版面。

2. 學習目標：透過「動作」面板的「文字效果」來作出拉絲金屬文字

練習說明：請在便當盒上的「便當」二字，利用「動作」面板載入「文字效果」，將「拉絲金屬（文字）」效果套用在輸入的文字上。

圖檔來源：習作 2.psd

完成檔案：習作 2ok.psd

步驟說明

（1）開啟檔案後，點選「便當」二字的圖層。

（2）執行「視窗 / 動作」指令使開啟動作面板，下拉選擇「文字效果」的類別。

（3）點選「拉絲金屬（文字）」選項，按下「播放選取的動作」按鈕，拉絲金屬（文字）」的效果已套用在文字上。

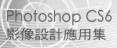

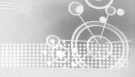

Photoshop CS6
影像設計應用集

NOTE

讀者回函

讀 者 回 函

感謝您購買本公司出版的書，您的意見對我們非常重要！由於您寶貴的建議，我們才得以不斷地推陳出新，繼續出版更實用、精緻的圖書。因此，請填妥下列資料(也可直接貼上名片)，寄回本公司(免貼郵票)，您將不定期收到最新的圖書資料！

購買書號：　　　　　　 **書名：**

姓　　名：_____

職　　業：□上班族　　□教師　　　□學生　　　□工程師　　□其它

學　　歷：□研究所　　□大學　　　□專科　　　□高中職　　□其它

年　　齡：□10~20　　□20~30　　□30~40　　□40~50　　□50~

單　　位：_____ 部門科系：_____

職　　稱：_____ 聯絡電話：_____

電子郵件：_____

通訊住址：□□□_____

_____

您從何處購買此書：

□書局 _____ 　□電腦店 _____ 　□展覽 _____ 　□其他 _____

您覺得本書的品質：

內容方面：　□很好　　　　□好　　　　□尚可　　　　□差

排版方面：　□很好　　　　□好　　　　□尚可　　　　□差

印刷方面：　□很好　　　　□好　　　　□尚可　　　　□差

紙張方面：　□很好　　　　□好　　　　□尚可　　　　□差

您最喜歡本書的地方：_____

您最不喜歡本書的地方：_____

假如請您對本書評分，您會給(0~100分)：_____ 分

您最希望我們出版那些電腦書籍：

請將您對本書的意見告訴我們：

您有寫作的點子嗎？□無　　□有　專長領域：_____

歡迎您加入博碩文化的行列哦！

✂請沿虛線剪下寄回本公司

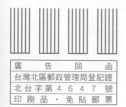

廣　告　回　函
台灣北區郵政管理局登記證
北 台 字 第 4 6 4 7 號
印 刷 品 · 免 貼 郵 票

221

博碩文化股份有限公司　讀者服務部

台北縣汐止市新台五路一段 112 號 10 樓 A 棟

如何購買博碩書籍

全 省 書 局
請至全省各大書局、連鎖書店、電腦書專賣店直接選購。
（書店地圖可至博碩文化網站查詢，若遇書店架上缺書，可向書店申請代訂）

信 用 卡 及 劃 撥 訂 單（優惠折扣 85 折，未滿 1,000 元請加運費 80 元）
請於劃撥單備註欄註明欲購之書名、數量、金額、運費，劃撥至

帳號：17484299 戶名：博碩文化股份有限公司，並將收據及

訂購人連絡方式傳真至(02)26962867。

線 上 訂 購
請連線至「博碩文化網站 http://www.drmaster.com.tw」，於網站上查詢

優惠折扣訊息並訂購即可。

信用卡 CREDIT CARD
專用訂購單

※優惠折扣請上博碩網站查詢，或電洽 (02)2696-2869#307
※請填妥此訂單傳真至(02)2696-2867 或直接利用背面回郵直接投遞。謝謝！

一、訂購資料

	書號	書名	數量	單價	小計
1					
2					
3					
4					
5					
6					
7					
8					
9					
10					
			總計 NT$		

總　計：NT$＿＿＿＿＿＿＿＿＿＿　X 0.85= 折扣金額 NT$ ＿＿＿＿＿＿＿＿＿＿

折扣後金額：NT$ ＿＿＿＿＿＿＿＿＿　＋掛號費：NT$ ＿＿＿＿＿＿＿＿＿＿＿＿

＝總支付金額 NT$ ＿＿＿＿＿＿＿＿＿＿＿＿　　※各項金額若有小數，請四捨五入計算。

「掛號費 80 元，外島縣市 100 元」

二、基本資料

收 件 人：＿＿＿＿＿＿＿＿＿＿＿＿　生日：＿＿＿年＿＿＿月＿＿＿日

電　　話：(住家) ＿＿＿＿＿＿＿＿＿＿　(公司)＿＿＿＿＿＿＿＿＿分機＿＿＿

收件地址：□□□ ＿＿＿＿＿＿＿＿＿＿＿＿＿＿＿＿＿＿＿＿＿＿＿＿

發票資料：□ 個人（二聯式）　□ 公司抬頭 / 統一編號：＿＿＿＿＿＿＿＿＿＿

信用卡別：□ MASTER CARD　□ VISA CARD　□ JCB 卡　□ 聯合信用卡

信用卡號：□□□□□□□□□□□□□□□□

身份證號：□□□□□□□□□□

有效期間：＿＿＿＿＿ 年 ＿＿＿＿＿ 月止
　　　　　　　　　　　　　　　（ 總支付金額 ）
訂購金額：＿＿＿＿＿＿＿＿＿＿ 元整

訂購日期：＿＿＿年＿＿＿月＿＿＿日

持卡人簽名：＿＿＿＿＿＿＿＿＿＿＿＿＿＿＿＿＿＿（ 與信用卡簽名同字樣 ）

- - - - - 黏　貼　處 - - - - -

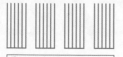

廣 告 回 函
台灣北區郵政管理局登記證
北 台 字 第 4 6 4 7 號
印 刷 品 · 免 貼 郵 票

221

博碩文化股份有限公司　業務部

台北縣汐止市新台五路一段 112 號 10 樓 A 棟

 如何購買博碩書籍

全 省書局

請至全省各大書局、連鎖書店、電腦書專賣店直接選購。

（書店地圖可至博碩文化網站查詢，若遇書店架上缺書，可向書店申請代訂）

信 用卡及劃撥訂單（優惠折扣 85 折，未滿 1,000 元請加運費 80 元）

請於劃撥單備註欄註明欲購之書名、數量、金額、運費，劃撥至

帳號：17484299 戶名：博碩文化股份有限公司，並將收據及

訂購人連絡方式傳真至(02)26962867。

線 上訂購

請連線至「博碩文化網站 http://www.drmaster.com.tw」，於網站上查詢

優惠折扣訊息並訂購即可。